Jeremy Naydler

Der Garten als spiritueller Ort

Jeremy Naydler

Der Garten als spiritueller Ort

Eine kleine Kulturgeschichte

Aus dem Englischen von Brigitte Elbe

Verlag Freies Geistesleben

Die englische Originalausgabe mit dem Titel *Gardening as a Sacred Art* ist 2011 im Verlag Floris Books, 15 Harrison Gardens, Edinburgh, erschienen.

1. Auflage 2013

Verlag Freies Geistesleben
Landhausstraße 82, 70190 Stuttgart
Internet: www.geistesleben.com

ISBN 978-3-7725-2624-4

Einbandgestaltung: Thomas Neuerer unter Verwendung
eines Fotos von Tony Evans
Druck: DZA Druckerei zu Altenburg GmbH
Printed in Germany

Inhalt

Danksagung

Das Samenkorn für dieses Buch wurde im Dezember 1986 gelegt. Damals hatte mich mein Bruder Nicholas als Gärtner der Cherry Orchards Camphill Community gebeten, dort über die Geschichte der Gärten und die Entwicklung des Bewusstseins zu sprechen. Dieser von Kerzenschein, Herzenswärme und Seelenkraft durchstrahlte Abend, der mit dem gemeinsamen Singen eines wunderschönen Adventslieds begann, hat sich meiner Erinnerung unauslöschlich eingeprägt. Meinem Bruder gebührt Dank, dass er mir den Weg zu dem auf diesen Blättern schrittweise nachgezeichneten Gedankengang gewiesen hat.

Seit jenem Abend bin ich immer wieder auf die grundlegenden Fragen zurückgekommen, die in diesem Buch angesprochen werden sollen. Die Arbeit im Garten bildet meine tägliche Beschäftigung, und so drängte es mich, dem Motiv dafür auf den Grund zu gehen. Was nimmt da eigentlich so viel von meiner Zeit in Anspruch und warum?

Viele Menschen haben dazu beigetragen, meine Fragen tiefer zu ergründen. Doch zwei von ihnen haben mich über lange Jahre hin immer wieder besonders inspiriert. Der eine ist Patrick Gordon: Mit seiner Vision des Gartens als Kirchenraum, als Kapelle im Freien – die sich an guten Tagen zur Kathedrale weitet –, hat er gestützt und genährt, was bis dahin nur als Ahnung in mir lebte: dass der Garten durch unser Tun tatsächlich zu einem spirituellen Ort werden kann. Und der andere dieser beiden Menschen ist Bronac Holden, der mir mit seiner Liebe zu den winzigsten und unscheinbarsten Pflanzen immer wieder vor Augen führt, dass die Schönheit, die der kleinsten Pflanze innewohnt, so oft die der prachtvollsten übersteigt.

2009 folgte ich drei Einladungen zu Vorträgen in der Prince's School of Traditional Arts, vor der Gurdjieff Society und an der Temenos Academy in London und fasste damit endlich den Entschluss, die Gedanken, die sich im Verlauf von zwanzig Jahren in mir herausgebildet hatten, schriftlich festzuhalten. Als Resultat dieser Vorträge erschien im gleichen Jahr die Schrift *Gardening as a Sacred Art*, die mit dem vorliegenden Buch nun in erweiterter und vollständig überarbeiteter Fassung vorliegt.

Dank gebührt schließlich auch Louanne Richards. Sie hat meinen Sprachfluss behutsam zu bändigen gesucht und mit bewundernswerter Ausdauer und Bereitwilligkeit die verschiedenen Kapitel stets aufs Neue gelesen. In all meinen Bemühungen hat sie mich ermutigt und ermuntert und mich geduldig auf dem recht langen Weg bis zur Herausgabe dieses kleinen Werks begleitet.

Jeremy Naydler

Einführung: Im Spannungsfeld

Ein Garten ist heute für viele Menschen der einzige Ort, an dem sie tagtäglich der Natur unmittelbar begegnen können. Es ist der eigene Garten, auf den wir durch ein Fenster blicken, in dem wir stehen, sitzen, gehen, und jedes Mal erleben wir dabei den Kontrast zu dem Schutz und Bequemlichkeit bietenden häuslichen Innenraum. Im Garten spüren wir die Vitalität und die Wachstumskräfte der Pflanzen, begegnen Vögeln, Insekten, Eichhörnchen und manch anderem Tier und beobachten ihr Treiben. Der Garten ist der Ort, an dem wir die wechselnden Stimmungen im Wandel der Jahreszeiten, die Witterung und den Umschwung des Wetters wahrnehmen. In unserem Garten geht das Leben seinen eigenen Gang, ganz unabhängig von uns. Dort fühlen wir die Schöpferkraft der Natur, der wir unser Dasein verdanken.

Und doch werden wir den Garten über die Berührung mit der Natur hinaus auch als unser eigenes Schöpferwerk betrachten. Bei gar manchem von uns macht sich im Garten ein bemerkenswerter Herrschaftsanspruch geltend. Die Beziehung zu unserem Garten ist von starken Emotionen geprägt, von Liebe und Stolz oder andernfalls entsprechend von Verzweiflung und Scham. Wir spüren sehr wohl, dass der Garten zugleich Ausdruck der Natur *und* unserer Verantwortung ist. Unwillkürlich sind wir mit dem Wachsen und Werden unseres Gartens verwoben. Ob wir uns dem Garten mit Hingabe widmen oder ihn vernachlässigen, ob er uns beflügelt oder trübsinnig stimmt, sein Wohl uns am Herzen liegt oder ganz nebensächlich ist – wie es auch darum bestellt sein mag: der Garten wird uns unmissverständlich unsere innere Haltung und unsere Empfindung für ihn vor Augen führen. Somit ist er niemals einzig und allein Ausdruck der Natur und naturgegeben.

Und hierin gründet eine Spannung, die gewiss von jedem Gärtner erlebt wird. Ein Blick auf die Geschichte der Gartenkunst zeigt, dass sie überall greifbar ist. Diese Spannung baut sich in dem Maße auf, in dem der Garten von uns als der Natur und doch als uns selbst zugehörig empfunden wird, und bringt damit eine Regung unseres Schöpfergenius zum Ausdruck – wenn es ihn gibt. Genau diese Position des Gartens in einem Spannungsfeld zwischen Natur und menschlichem Ego hat über die Jahrhunderte hinweg dazu geführt, dass die Einstellung der Gärtner zu ihrem Garten einmal eher zu einer Laissez-faire-Führung hinneigte und sich dann wieder, bei extremer Ausprägung, als absolutes Herrschaftsregiment gerierte.

Das gilt insbesondere für die Periode vom Beginn der Neuzeit bis in unser postmodernes Zeitalter. Ab dem Mittelalter begann der Mensch ein Ich-Bewusstsein zu entwickeln, und zwar über das Erleben einer zunehmenden Entfremdung und Abtrennung von der Natur, und darin liegt der Urgrund für die Polarität in unserer Haltung und Neigung. Diese Entwicklung zeichnet sich, wie wir noch sehen werden, bereits im Zeitalter der römischen Antike ab. Vor dieser Zeit jedoch hat es eine solch scharfe Trennung zwischen Natur und Mensch, wie sie jetzt von uns wahrgenommen wird, nicht gegeben. Darum war der Garten auch in einem anderen «Raum» angesiedelt, einem Raum, der fast selbstverständlich als dem Heiligen zugehörig empfunden wurde. Wenn wir uns heute unserem Garten zuwenden, geschieht dies immer in dem leise schmerzlichen Bewusstsein, von der Natur abgeschnitten zu sein, und zugleich in der Hoffnung, dass der Garten uns das Tor zu einer neuen Teilhabe öffnen könnte. Doch wird dies nicht so leicht gewonnen sein, denn es gilt noch eine Frage zu beantworten: Teilhabe zu wessen Bedingungen? Allzu oft schon ist der Garten zum Kampfplatz geworden, auf dem unserem Sehnen, eins mit der Natur zu sein, das Verlangen nach Herrschaft entgegenstand.

Somit bilden sich heute in unserem Umgang mit dem Garten zwei entgegengesetzte Richtungen heraus. Viele Menschen meinen, als Besitzer eines Gartens nicht nur die Möglichkeit, sondern auch das Recht zu haben, dieses kleine Fleckchen Natur, das ihnen überantwortet ist, nach ihrem Bild zu formen. Maßgebend für ihren Entwurf sind die eigenen, persönlichen Wünsche und Bedürfnisse und die der Familie, und damit betrachten sie Sinn und Zweck des Gartens als erfüllt. Andere aber sehen in ihrem Garten die Möglichkeit zu einer Annäherung an die Natur, streben nach Stimmigkeit und folgen dabei bereitwillig den Vorgaben und Bedürfnissen der Natur. Ist unser Denken so gegründet, wird es uns nicht darum gehen, der Natur unseren Stempel aufzuprägen. Dann suchen wir den Geist des Orts zu erspüren und ihn mit allem, was wir beschließen und tun, klarer zum Ausdruck zu bringen.

Wer dem ersten Vorgehen zuneigt, geht davon aus, dass die Natur sich unseren Erfordernissen zu beugen hat und wir mit Fug und Recht verlangen können, dass sie sich bereitwillig in unsere menschlichen Vorstellungen von Ordnung und Schönheit fügt. Mit dem anderen Weg öffnen wir uns suchend zu dem im Urgrund der Natur geborgenen Geist der Schönheit als Leitbild für unser Tun. Beide Wege, und das ist interessant, mögen bewirken, dass sich unsere gefühlte Distanz zur Natur verringert, doch wird die Natur dafür im ersten Fall nach einer vom Menschen entworfenen Ästhetik ausgerichtet, während sich im zweiten Fall der Mensch in seinen Vorstellungen und seinem Tun der Natur anpasst.

Die Gegensätzlichkeit dieser Haltungen tritt in der Geschichte der Gartenkunst ganz offenkundig zutage. Mehr oder weniger stark ausgeprägt ist sie auch an unseren heutigen Gärten abzulesen, und manch ein Gärtner mag diesem Konflikt über Gewissensbisse bei einer Entscheidung auf die Spur kommen. In der täglichen Praxis wird sich kaum ein Gärtner finden, der ganz und gar despotisch herrscht oder immer mild großmütiger Sachwalter ist, und wohl jeder wird sich hier und da mit dem inneren Widerstreit zwischen einem Impuls, Ordnung herzustellen oder den Dingen ihren Lauf zu lassen, auseinandersetzen müssen. Doch wenn wir solche Regungen als Ausdruck einer unlösbaren Spannungssituation betrachten, beweist dies nur, dass wir den entscheidenden Punkt nicht erfasst haben: nämlich den Tatbestand, dass diese Spannung selbst ein Anzeiger für das Ausmaß unserer Abtrennung vom inneren Leben der Natur ist. Solange wir nicht zu einem Umgang mit dem Garten finden können, der diese Spannung angemessen auflöst, haben wir die so tief empfundene Entfremdung von der Natur noch nicht überwunden. Wir sind immer noch auf der Suche nach Wegen, wie wir die Kluft, die uns von der Natur trennt, überwinden können.

So gesehen ist das Gärtnern eine Kunst, deren tatsächliches Potenzial noch lange nicht ausgeschöpft ist. Fern in der Zukunft liegt der wahre Garten in geistiger Gestalt, ruft uns und drängt uns voran zu Gartenformen, die wir heute mit dumpfen Sinnen erst dunkel erahnen. Aus solcher Sicht heraus erschließt sich uns die Bedeutung der außergewöhnlichen Aussage eines außerordentlich begnadeten Gärtners aus dem 20. Jahrhundert:

«Garten gibt es noch nicht. Noch nie, in keiner Nation, wie groß sie auch sei, hat es bis auf den heutigen Tag in dieser so kurzen Spanne historischer Zeit einen Garten gegeben.»[1]

Alan Chadwick

Kaum einer wird heute mehr als den leisesten Hauch einer Ahnung davon haben, wie es einen Garten in seiner wahren Gestalt jemals «geben» kann. Umso wichtiger ist darum, dass wir mit einer immer klarer bewussten Gestaltung versuchen, real zum Ausdruck zu bringen, was als solch unbestimmte leise Ahnung in uns liegt von einem Garten, der über die uns bekannte Gestalt hinauswächst.

Wie kann es nun gelingen, den Weg zu einer Lösung dieser Spannung zu finden, die mit dem Geist vom wahrhaften Wirken des Gärtners verwoben ist? Und wie können wir zu einer klareren Vorstellung davon gelangen, was als das eigentliche Ziel in unserem Garten erstrebenswert ist? Für eine Orientierung werden wir uns zunächst der Vergangenheit zuwenden und dann von höherer Warte aus etwas über die Richtung sagen, die wir einschlagen könnten, um seiner wahren Gestalt näherzukommen. Hier möchte ich gerne aufzeichnen, wie wir heute im Sinne einer Vorstellung vom Gärtnern als Kunst unser Vorgehen an eine neue Entwicklungsstufe heranführen können, wenn wir es darüber hinaus als *spirituelle* Kunst wahrnehmen und ausführen. Doch wollen wir uns vorab die Geschichte der abendländischen Gartenkultur vor Augen rufen, damit wir sehen, wie wir unseren heutigen Standpunkt erlangt haben, und so leichter unsere Ausrichtung in die Zukunft finden.

Abb. 1.1 Assyrische Gartenanlage zu Füßen eines Tempels, 7. Jahrhundert v. Chr.

1. Der Garten im Altertum

Der Garten im Alten Ägypten

Die Geschichte der Gärten reicht weit in die Vergangenheit zurück. Wir wissen, dass es sowohl im Alten Ägypten wie auch in Mesopotamien Gärten gab. Die *Zikkurat* genannten Tempeltürme der Mesopotamier, gestufte Terrassen, auf deren höchster sich ein Tempel erhob, dienten der religiösen Bestimmung, Himmel und Erde miteinander zu verbinden. Schon im zweiten Jahrtausend vor Christus oder sogar noch früher wurden sie mit Bäumen, Sträuchern und Weinstöcken bepflanzt und sind aller Wahrscheinlichkeit nach als Urform der legendären «Hängenden Gärten» Babylons zu betrachten. Doch sind kaum genauere Zeugnisse erhalten und bei den frühesten bildlichen Darstellungen mesopotamischer Gärten handelt es sich um geschnitzte Reliefs aus der sehr viel späteren Assyrischen Periode. Sie zeigen uns Tempel und Schreine, die am Scheitelpunkt von Hügeln errichtet und von einem mit Bäumen und Sträuchern bepflanzten Gelände umgeben sind, das wahrscheinlich terrassiert angelegt war.

Die Zeugnisse deuten darauf hin, dass der Garten in Mesopotamien und Ägypten in ein sakrales Umfeld eingebunden war, denn in beiden Kulturen gehörten die wichtigsten herausragenden Gärten zu Tempelanlagen. Diese Tempelgärten dienten als Modell für die anderen Gärten, die mehr oder weniger alle ihrem Grundmuster nachgebildet waren. Über die Gärten Ägyptens ist uns sehr viel mehr bekannt als über diejenigen

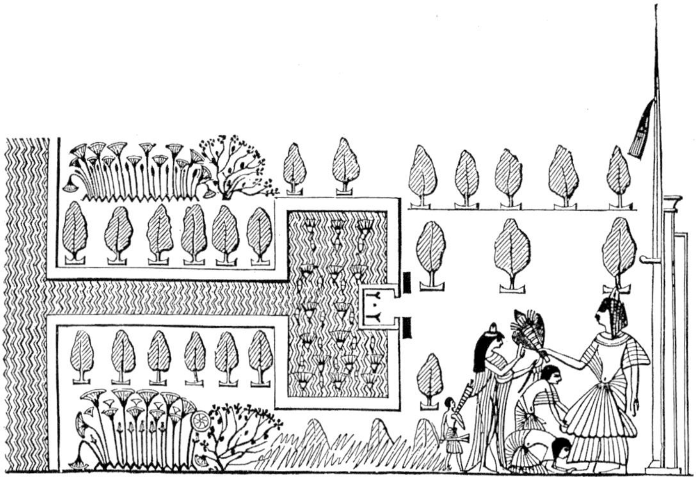

Abb. 1.2 Ägyptischer Tempelgarten, um 1320 v. Chr.

Mesopotamiens, und so liegt unser Hauptaugenmerk hier bei ihnen. Abbildung 1.2 zeigt uns einen ägyptischen Tempelgarten aus der 18. Dynastie um 1320 vor Christus, wahrscheinlich den von Karnak. Die Anlage besteht aus einem rechteckigen Wasserbecken mit Lotosblumen, das durch einen Kanal gespeist wird. Es ist von Papyrusstauden, Maulbeerfeigen (*Ficus sycomorus*) und Weinstöcken umgeben. In diesem geweihten Bereich unmittelbar vor dem Tempeleingang überreicht Neferhotep, «Erster Schreiber des Amun», aus dessen Grab diese Darstellung stammt, in einer rituellen Zeremonie seiner Gemahlin Merit-Re ein Blumenbouquet.

Dieser so schlicht erscheinenden Gartenanlage liegt ein von tiefer Bedeutung durchdrungenes Gestaltungskonzept zugrunde. Im Alten Ägypten war jedem Tempel ein heiliger See zugeordnet, der «göttliche See», *shi-netjer*, wie die Ägypter ihn nannten. Er stand symbolisch für den Urozean, dem alles

Leben entstammt.[2] Die Pflanzen im See und um ihn herum waren nicht als Schmuckelemente gedacht, sondern um ihrer symbolischen Bedeutung willen gewählt, denn sie beschworen das Bild des Paradiesgartens der Götter zu Anbeginn aller Zeiten, von den Ägyptern als das «Erste Mal» *(Sep Tepi)* benannt. Der «Garten der Götter» war auch den Mesopotamiern bekannt und findet sich im Gilgamesch-Epos aus dem dritten Jahrtausend vor Christus beschrieben.[3] Der Tempelgarten im Alten Ägypten ist, wie wohl ebenso im Alten Mesopotamien, am ehesten als Evokation eines mythischen Urzustandes zu verstehen, bei dem Götter und Menschen in friedvoller Gemeinschaft in einer natürlichen Welt lebten, die von geistiger Kraft und Bedeutung durchdrungen war.

Die Erinnerung an *Sep Tepi,* dieses «Erste Mal», und seine schöpferische Wiederholung waren für die Ägypter von höchster Bedeutung. In gewisser Hinsicht gehörte es wesentlich zu ihrer Lebensordnung; es war notwendig, um ein rechtes und gutes Leben zu führen. Um dies zu gewährleisten, musste der Mensch über die Verehrung der Götter immerfort die Verbindung zur kosmischen Weltenordnung suchen.[4] Für die alten Ägypter besaßen alle sinnlich wahrnehmbaren Formen der Natur innere Eigenschaften, die mit göttlichen Kräften in Zusammenhang standen. Mit jedem Gedanken an eine Pflanze, ein Tier, an alles, was der Natur zugehörte, ging ein Bewusstsein für deren ursprüngliche Beziehung zu einem Gott, einer Göttin einher. Die Aufrechterhaltung dieser Verbindung zum Göttlichen war Aufgabe der sakralen Kultur. Sie wurde über Gebete, Rituale und magische Zeremonien in Tempeln und Heiligtümern gesucht, und in der von Sonnenlicht durchtränkten Atmosphäre des Niltals war der ägyptische Garten fester Bestandteil solcher Bemühungen.

Abb. 1.3 Die Göttin Nut erscheint in ihrem Baum, der Maulbeerfeige.

So gab es denn für dieses Bewusstsein, das immerfort nach Verbindung und Einklang mit der spirituellen Welt suchte und strebte, kaum eine Pflanze, die nicht als vegetative Erscheinungsform einer Gottheit angesehen wurde. Die Darstellung der Maulbeerfeige in Abbildung 1.3 mag uns etwas von diesem alten Bewusstsein erahnen lassen. Herrin dieses Baums war die Himmelsgöttin Nut, die hier in seinen Zweigen sitzend gezeigt wird, wie sie einem Wanderer in der Jenseitswelt eine Erfrischung reicht. Allein die Tatsache, dass der Baum in beiden Welten zugleich wächst, wirft ein Licht auf die Mentalität der

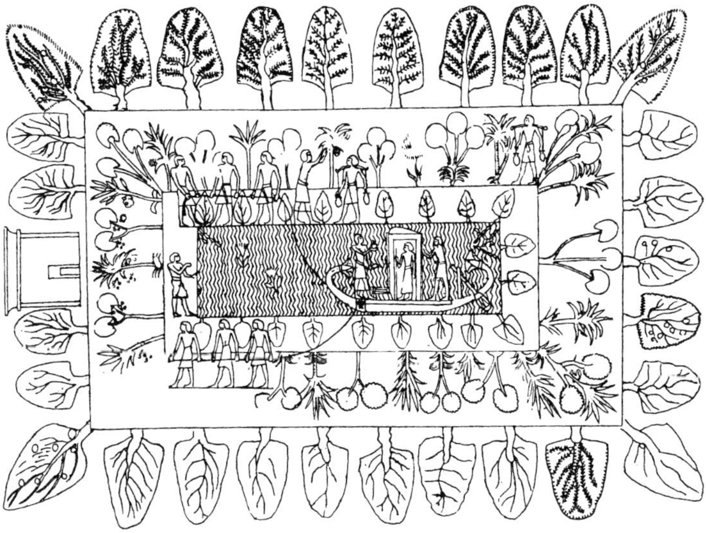

Abb. 1.4 Ein archetypischer ägyptischer Garten mit einer üppigen Pflanzung um einen heiligen See herum, 15. Jahrhundert v. Chr.

Antike, nach deren Verständnis kein Garten und keine Pflanze als rein physische Existenz betrachtet wurde. Der Standort eines Gartens und genauso auch der einer jeden Pflanze lag in beiden Welten zugleich, war ebenso geistiger wie physischer Natur.

Abbildung 1.4 zeigt uns einen Garten, der um einen heiligen See in der klassischen Rechteckform herum angelegt ist.[5] Die einfassende Bepflanzung ist üppig und vielgestaltig aus Dattel- und Doumpalmen (*Phoenix* sp. und *Hyphaene thebaica*), Maulbeerfeigen (*Ficus sycomorus*), Alraunen (*Mandragora officinarum*) und vielerlei anderen Pflanzen zusammengestellt, mit denen sich jeweils eine bestimmte religiöse Bedeutung verband. So waren Dattelpalme und Doumpalme Erscheinungsbilder des Sonnengottes Re und des Gottes Thoth, in der Maulbeerfeige trat, wie wir schon gesehen haben, die Göttin Nut in

Erscheinung und in der Alraune die Göttin der Liebe, Hathor. Den Lotosblumen, die aus dem Wasser herauswachsen und hier etwas schwer zu entdecken sind, kam ebenfalls eine wichtige, symbolische Bedeutung zu. Einem Mythos zufolge war der Sonnengott selbst aus einer Lotosknospe geboren, die damit zu einem bedeutsamen Symbol für geistige Wiedergeburt und Erneuerung geworden war.[6]

Somit ist der Besitzer des Gartens, der in einer auf dem See schwimmenden Barke steht, in eine ganz und gar religiös geprägte Umgebung eingebunden. Das Bild ist kaum als Darstellung einer Vergnügungsfahrt anzusehen, vielmehr scheint das Geschehen Ausschnitt einer rituellen Handlung zu sein, die das Erscheinen des Sonnengottes Re auf seiner Sonnenbarke in der urzeitlichen Welt zu Beginn der Schöpfung nachstellt. Solch ein Garten braucht nicht einmal wirklich existiert zu haben, es handelt sich eher um ein archetypisches Idealbild von dem, was jeder Garten im Alten Ägypten einfangen und wiederum vor Augen führen wollte: jenes «Erste Mal», als die Natur in ihrer ganzen Vielfalt und Fülle in Erscheinung trat und die Götter des Himmels auf Erden wandelten.

Sollten diese mythologischen Betrachtungen nun die Vorstellung in uns wecken, dass es sich bei dem Garten im Alten Ägypten um ein kompliziert ineinandergewobenes Gebilde aus Glauben und Aberglauben handelte, so zeigt sich darin nur die für unsere Zeit typische Tendenz, das Bewusstsein älterer Zeiten umzudeuten. Denn wir sollten immer im Auge behalten, dass die Natur von den Menschen im Alten Ägypten nicht wie bei uns heute als Objekt, sondern als beseelt wahrgenommen wurde, als eine Welt, in der unsichtbare Wesen und Kräfte weben und die daher mit einer inneren Lebenskraft erfüllt ist, wofür die Menschen jener Zeit äußerst empfindsam und empfänglich waren. Das alte Bewusstsein reagierte intuitiv auf die in der Natur wahrgenommenen geistigen Qualitäten. Damit handelt es sich hier kaum um eine Frage von Glauben und Aberglauben, sondern um eine Mentalität, die sich durch ein feines Bewusstsein für die göttlichen Kräfte auszeichnete, von denen die natürliche Welt durchdrungen ist, und dabei mit ebensolcher Empfindsamkeit gewahrte, dass diese Bewusstseinsqualität außerordentlich verletzlich war und jederzeit vergehen konnte.

Solange wir all dies nicht mitdenken, fehlt uns die wesentliche Dimension, um die grundlegende Bedeutung zu verstehen, die dem Garten – diesem Wasserbecken mit seinen Lotosblumen und der Einfassung aus Bäumen, Sträuchern und Blumen – für das Wachrufen des «Ersten Mals» zukam, jenes paradiesischen Urzustandes am Beginn aller Schöpfung. In dieser Eigenschaft diente der Garten als Einladung an ausgewählte göttliche oder geistige Energien, sich dort zu manifestieren. Das ist der Hintergrund, vor dem wir die Aussage der Königin Hatschepsut über den von ihr angelegten Tempelgarten in Deir el Bahri verstehen müssen: dass er nicht den Menschen zum Vergnügen, sondern für den Gott Amun erschaffen worden war, auf dass er dort «wandeln» möge.[7]

Die Gestaltung privater, häuslicher Gärten ist ebenso vor diesem Hintergrund zu verstehen. Der Garten wurde in dem Bewusstsein geschaffen und bepflanzt, dass über die Anlage und Auswahl der Pflanzen entsprechende geistige Energien herangezogen werden können. Ein typisches Beispiel hierfür ist der Garten des Wesirs Nebamun (Abb. 1.5), in dem sich alle diese Grundbestandteile finden: das mit Lotosblumen bepflanzte Wasserbecken im Zentrum und die Einfassung mit Alraunen, Dattel- und Maulbeerfeigen. Der Garten Nebamuns ist seinem Wesen nach ein Gebet, eine magische Beschwörung. In rech-

Abb. 1.5 Der Garten des Nebamun, Wandmalerei aus seiner Grabstätte in Theben, um 1400 v. Chr.

ter Weise verstehen können wir ihn nur vor dem Hintergrund, dass der Garten für die Menschen im Alten Ägypten ein Ort ist, der die sichtbare und die unsichtbare Welt zusammenführt.

Ein wunderschönes Bild solcher Begegnung ist uns im *Totenbuch des Nacht* gegeben (Abb. 1.6), wo Nacht und seine Gemahlin Taui im Garten auf die dort anwesenden Götter Isis und Osiris treffen. Die Übereinstimmung mit dem Garten des Nebamun fällt sofort ins Auge: das Wasserbecken in der Mitte

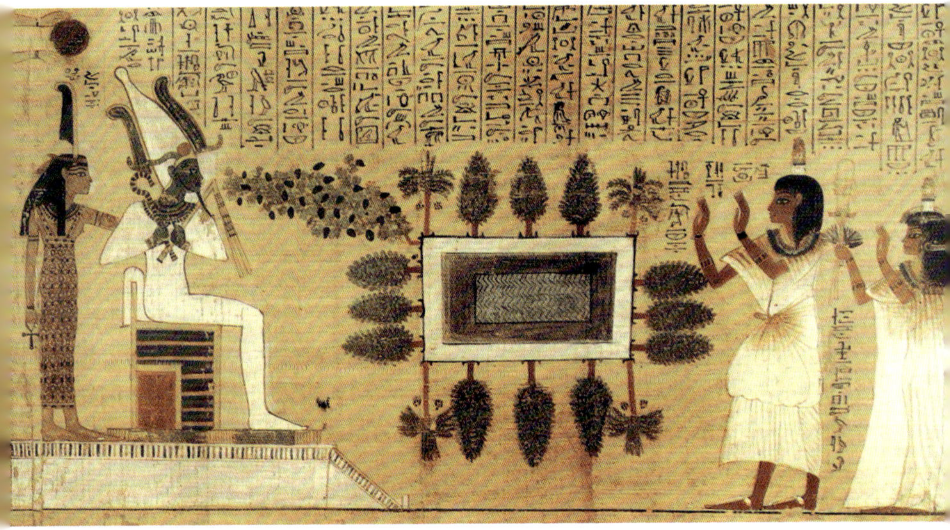

Abb. 1.6 Göttliche und menschliche Welt begegnen einander im heiligen Garten. Totenbuch des Nacht, späte 18. Dynastie, 1350–1300 v. Chr.

mit den bekannten Pflanzen darum herum, nur der sich unwillkürlich wie magisch angezogen zu Osiris hinneigende üppige Weinstock ist allein dem zweiten Garten eigen. Wessen Garten dies wohl sein mag? Ist es der Garten von Nacht und Taui oder der Garten von Isis und Osiris? Und wo ist er zu finden? Ist er von dieser Welt oder in der Jenseitswelt? Solche Fragen lassen sich nicht beantworten, denn in ihrem ursprünglichen Kontext gibt es diese spaltende Alternative nicht. Der von Menschen geschaffene Garten war immer ein Garten für die Götter, ein Ort der Erscheinung. Und der Garten der Götter war der Menschenwelt nie so fern, dass er für die Menschen nicht mehr wahrnehmbar gewesen wäre. Garten war nur wahrhaft dort, wo die Welten von Göttern und Menschen zusammenfanden.

Der Garten im antiken Griechenland

Wenden wir uns nun der vorklassischen Epoche im antiken Griechenland um das 7. Jahrhundert vor Christus zu, jener Zeit, als die Homerischen Epen entstanden und die früheren Kulturen Ägyptens und Mesopotamiens schon von deutlichen Altersspuren gezeichnet waren, aber durchaus noch ihre Funktion erfüllten. Auch dort stoßen wir auf die besprochene Auffassung, nach der die Welt der Naturerscheinungen und die Welt der Götter und Geister kaum voneinander geschieden waren. So wie im Alten Ägypten galten im antiken Griechenland Sonne, Wind und die Lufthülle als Gottheiten. Und genauso war auch jeder Fluss ein Gott, wie wir in Homers *Ilias* erfahren, als Zeus den Rat der Götter zusammenrief, und «keiner der Ströme hielt sich entfernt». Und in diesen Rat waren auch die Nymphen mit eingeschlossen, «so viele da liebliche Haine bewohnen oder die Quellen der Ströme und grasbewachsenen Auen».[8] Für die Menschen im antiken Griechenland waren es die Geister der Berge und Täler, Wälder und Wiesen, Bäche und Seen, die mit ihrem Wirken die Natur belebten und deren rhythmischer Tanz durch die Jahreszeiten von Pan angeführt wurde (Abb. 1.7).[9] Jede Pflanze war Heimstatt eines Geistwesens – die *anthousai* lebten in Blumen, die Dryaden und Hamadryaden in Bäumen. Kränkelte eine Pflanze, so wussten die Griechen, dass die Ursache dafür eine Krankheit des ihr innewohnenden Geistes war, und wenn eine Pflanze starb, zeigte ihr Tod an, dass dieser Geist oder die Nymphe aus ihr ausgezogen war.[10]

In der antiken Welt wurden Naturerscheinungen ganz selbstverständlich als Subjekte betrachtet, mit Gefühlsregungen und Eigenschaften, wie sie dem Menschen eigen sind –

Abb 1.7 Zwei Panfiguren, die Ziegen gefasst halten, während über ihnen drei Nymphen tanzen. Um 520 v. Chr.

kaum jemals als «Objekte». Die Natur wurde, mit Martin Bubers Worten, eher als «Du» denn als «Es» erlebt.[11] Damit war die Beziehung der Menschen zur Natur in der Antike zugleich eine Verbindung mit der Gemeinschaft der geistigen Wesen, die alle Naturerscheinungen belebten. Ein reiches inneres Leben spielte sich in der Natur ab, wie uns zum Beispiel Abbildung 1.8 vor Augen führt, wo zwei Satyrn in unser Blickfeld treten, die in wildem Tanz mit einer Mänade zwischen den Bäumen umherziehen.

Diese Wesen waren teils Mensch, teils Gott und bildeten das

Abb. 1.8 Zwei Satyrn in wildem Tanz mit einer Mänade zwischen Bäumen. Um 520 v. Chr.

dionysische Gegenstück zum Nymphengefolge Pans. Sie sind hier auf einer Bewusstseinsstufe erfasst, in der das menschliche Seelenleben innig teilhat am Seelenleben der Natur.

Götter und Geister gehörten ebenso zu der vom Menschen bewohnten Welt wie die Flüsse, Berge, Pflanzen und Tiere, denen wir in einer äußerlich erkennbaren Form begegnen. Und da die Menschen auch geistige Wesen sind, war die Beziehung zur Welt der Götter und Geister zugleich die Beziehung zu einem Reich, dem sie sich selbst innerlich zugehörig fühlten. Die Menschen spürten genau, dass sie zu ihrer wahren Identität und geistigen Erfüllung nur durch die richtige Verbindung mit der Götterwelt über Rituale, Opfer und Ausbildung seherischer Fähigkeiten finden konnten.

Die Griechen legten keine Gärten nach Art der ägyptischen Tempelgärten an. Sie errichteten ihre Tempel dort, wo ihnen ein

Ort aus sich selbst heraus als Heiligtum einer verehrten Gottheit erschien, und so, dass die von der Gottheit durchdrungene Natur weitestgehend erhalten blieb.[12] Meist war es ein Hain, den sie zum Heiligtum ernannten und einer bestimmten Gottheit weihten, die daher oftmals auch einen Tempel erhielt.[13] Solch ein heiliger Hain wurde bewusst unberührt belassen, und wer ihn betrat, wusste, dass er nicht menschlichen Bedürfnissen dienen sollte, ebenso wenig wie der ägyptische Tempelgarten. So betrachtet ist der heilige Hain der Griechen genau das Gegenteil eines Gartens in unserer Zeit, denn er war ein Raum, der den Göttern vorbehalten und nicht für Menschen erschaffen war.

Unserem heutigen Gartenverständnis entspricht wohl am ehesten der rein zweckgebundene Bauerngarten mit seinen Gemüsebeeten, Weinstöcken, Oliven- und Obstbäumen, wie er seit Homer bezeugt ist.[14] Er war allem Anschein nach verbreitet anzutreffen, steht aber weit hinter dem so bewusst konzipierten heiligen Garten der früheren Kulturen im Vorderen Orient zurück und auch hinter der durchgestalteten Privatgartenanlage, die von den Römern so geschätzt wurde. Doch in Griechenland hat die Natur zu allen Zeiten bis heute noch eine solche Fülle wunderschöner Blumen geboten, dass es als sinnlos, ja, vielleicht sogar als Sakrileg erscheinen mochte, sie widernatürlich um die Häuser herum anzupflanzen, sodass vielleicht hier die Ursache für das Fehlen einer eigenen Gartenkultur liegt.[15]

Als die Städte mit zunehmender Einwohnerschaft wuchsen, entstanden auch immer mehr öffentliche Gärten und Parkanlagen innerhalb des Stadtgebiets oder daran angrenzend. Sie wurden meist im Umfeld einer Weihestätte für einen mythenumwobenen Helden angelegt und überwiegend zu gymnastischen Übungen aufgesucht, weshalb sie als «Gymnasien» bezeichnet wurden. Da sie üblicherweise mit Bäumen bepflanzt waren und somit Schatten boten, fanden sich dort viele ein, die der ruhelosen Geschäftigkeit in der Stadt entfliehen wollten und vor ihren Toren nach einem stillen Ort suchten. In einem der berühmtesten Gymnasien Athens, der «Akademie», die nach dem Helden Akademos benannt war, lehrte Platon, und bald waren solche Anpflanzungen zum regulären Standort der philosophischen Schulen geworden, was auch auf eine gewisse Verwandtschaft mit dem traditionellen heiligen Hain zurückgehen mag. Nachdem die Platonische Akademie auf das abgelegenere und damit wohl ruhigere elterliche Anwesen umgezogen war, verlagerte sich der Standort für die Schulen zunehmend auf privates Gelände. Doch wird es sich bei diesen sogenannten «Philosophengärten» in aller Regel schlicht um einen offenen, mit einigen Bäumen bepflanzten Platz gehandelt haben, auf dem sich auch größere Gebäude befinden konnten.[16] Abbildung 1.9 ist eine der ältesten erhaltenen Darstellungen eines Philosophengartens. Man nimmt an, dass es sich um die Platonische Akademie handelt. Die an den Baum gelehnte Gestalt wurde als Platon identifiziert. Das geweihte Eingangstor mit den Vasen auf der linken Seite und die Votivsäule in der Mitte weisen auf die subtile Umwandlung hin, mit der die ursprüngliche Weihestätte für den als göttlich verehrten Helden Akademos zu einem Ort geworden ist, an dem sich gewöhnliche Sterbliche zu kontemplativen Gesprächen zusammenfinden und dabei im Idealfall zu göttlichen Sphären erheben konnten.

Abb. 1.9 Philosophengarten, der die Platonische Akademie darstellen soll. Mosaik, 1. Jahrhundert v. Chr

Bei dieser Darstellung des Philosophengartens (Abb. 1.9) handelt es sich bemerkenswerterweise um ein römisches Mosaik aus der Zeit der späten Republik im ersten Jahrhundert vor Christus, der Zeit, als bei den Römern ein Bewusstsein dafür heraufdämmerte, dass ein Garten noch mehr und anderes über die zweckdienliche Erzeugung von Obst und Gemüse hinaus bieten könnte. Cicero, der mit Athen und seinen Parkanlagen wohlvertraut war, bahnte den Weg zu einer Neugestaltung des römischen Hausgartens in Anlehnung an das griechische Gymnasium, jedoch nicht in dessen Eigenschaft als Stätte sportlicher Ertüchtigung, sondern als Ort, an dem man sich umherwandelnd und unter schattenspendenden Bäumen verweilend in philosophische Erörterungen vertiefte.[17] Damit taten die Römer einen großen Schritt in Richtung Säkularisation, denn in dem Moment, als das Konzept des griechischen Gymnasiums auf italienischem Boden Fuß fasste, löste sich die ursprüngliche Verbindung zwischen dem Gymnasium und der Weihestätte für einen Gott oder Helden, und ein solcher Ort wurde zum Treffpunkt für heiter gesellige Zusammenkünfte.

Im Rom der späten Republik, in der Zeit zwischen etwa 150 bis 27 vor Christus, entzogen sich die Götter und Naturgeister schon weitgehend einer direkten Wahrnehmung des Menschen. Bereits im dritten Jahrhundert vor Christus waren die ersten philosophischen Abhandlungen über das Wesen der Götter entstanden, die rationale Erklärungen für etwas bieten wollten, das der lebendigen Erfahrung nicht mehr zugänglich war und nun zum Gegenstand von Spekulation und Glauben wurde. Auch Cicero hatte eine solche Abhandlung mit dem Titel *De natura deorum* (*Über das Wesen der Götter*) verfasst, in der er nachzuweisen suchte, dass die natürliche Welt und die Welt der Götter verschiedenen Sphären angehören.[18] Die Schule der Stoa, die ab dem späten zweiten Jahrhundert vor Christus sehr einflussreich war, vertrat eine überwiegend materialistische Deutung der natürlichen Welt, desgleichen der Epikureismus, der eine vollständig mechanistisch und atomistisch basierte Naturphilosophie ausgearbeitet hatte. Während die Weltsicht der Stoa den Göttern des Volksglaubens zumindest noch einen Platz einräumte, waren sie im Epikureismus zu einer unbedeutenden Randerscheinung zerronnen. Die Tatsache, dass diese beiden philosophischen Richtungen für viele Jahrhunderte die Anschauung maßgeblich prägen sollten, zeigt uns, wie weit der gebildete Römer sich bereits vom inneren Leben der Natur entfernt hatte.

Trotzdem – oder vielleicht auch gerade deshalb – ist zu einem gewissen Grad doch eine nostalgisch geprägte Rückbesinnung auf ein früheres Zeitalter anzutreffen, in dem die Geister der Wälder und Wiesen, Quellen und Höhlen noch im menschlichen Bewusstsein lebendig waren. Diese Sehnsucht kommt in der späten Republik und der anschließenden Frühen Kaiserzeit von 27 vor Christus bis 180 nach Christus in den Werken von Dichtern wie Horaz und Vergil zum Ausdruck, sie ist bei Ovid anzutreffen und auch bei Plinius dem Älteren, der sich aber nicht dichtend betätigte.[19] Doch war es dem gebildeten Römer nicht möglich, die Gabe des früheren Hellsehens durch eigenes Bemühen oder Rückwendung wiederzuerlangen. Seine Beziehung zur Natur hatte sich gewandelt. Plutarch, der seine Schriften in der Frühen Kaiserzeit unter Trajan verfasste, muss sich dieses Tatbestands bewusst gewesen sein, denn er führte das verbreitete Erlöschen der Orakel darauf zurück, dass sich die Geister oder *daimones* dem menschlichen Erkennen entzogen hatten.[20] Er erzählt auch die zutiefst erschütternde Geschichte vom Tode Pans, des Gottes, der vor allen anderen mit den Lebenskräften der Natur verbunden wurde, und berichtet, wie zur Zeit des Kaisers Tiberius, etwa einhundert Jahre zuvor, ein gewisses griechisches Schiff im Bereich der Insel Paxos an der Küste entlangfuhr und eine Geisterstimme zu vernehmen war, die rief: «Wenn ihr auf der Höhe von Palodes seid, so sagt ihnen, dass der Große Pan tot ist.» Von Ehrfurcht und Schrecken ergriffen, segelte die Mannschaft weiter, doch sobald sie auf der Höhe von Palodes angekommen waren, trat unerklärlich eine Windstille ein und das Schiff verharrte. Da fasste Thamus, der Führer des Schiffes, Mut und rief: «Der Große Pan ist tot.» Und noch bevor die Worte ganz über seine Lippen gekommen waren, hob ein furchtbares Jammern und Klagen wie aus Tausenden Kehlen unsichtbarer Gestalten auf dem Strand an. Plutarch zufolge hatte sich die Geschichte alsbald überall in Rom verbreitet, der Schiffsführer wurde vor den Kaiser Tiberius zitiert, um Bericht zu erstatten, und Tiberius war überzeugt, dass es sich tatsächlich so zugetragen hatte.[21]

Während also ein Zurückweichen des Geisterreiches vor dem herandrängenden rationalen Bewusstsein erspürt wurde, wuchs gleichzeitig das Gefühl, von der Natur abgetrennt zu sein. Sie wurde immer mehr zu etwas, das für sich «dort draußen» ist und vom Menschen als ein Gut betrachtet, das er sich mithilfe seines Einfallsreichtums und technischer Gerätschaften zunutze machen und ausbeuten konnte. Im Frühen Kaiserreich lässt sich diese Distanzierung von der Natur sehr anschaulich an den Wandgemälden mit Panoramadarstellungen ablesen, die sich in römischen Villen finden. Der kunstgerechte Einsatz perspektivischer Prinzipien legt nahe, dass die Natur kaum noch wie einst als geheimnisvoll göttliche Gegenwart

Abb. 1.10 Fresko aus der Villa der Livia in Primaporta bei Rom, 1. Jahrhundert v. Chr.

erfahren wurde: als ein Subjekt, zu dem der Mensch als Subjekt in Beziehung trat. Vielmehr wurde die Natur als objektivierte Landschaft betrachtet und mit ihren vielgestaltigen Elementen vor dem Blick des Betrachters ausgebreitet.[22]

Abbildung 1.10 zeigt uns ein solch naturalistisches Wandgemälde aus der Frühen Kaiserzeit, auf dem die Natur in frappierend «moderner» Weise dargestellt ist. Zu sehen ist ein mit Blumen bepflanzter Obstgarten, in dem überall Vögel sitzen und schwirren und der langsam in eine mit Gestrüpp bewachsene Naturlandschaft übergeht, die uns mit ihrem fahlblauen Hintergrund den Eindruck von Tiefe vermittelt. Auf einem entsprechenden Bild aus dem Alten Ägypten wäre ein jedes Element sorgfältig nach seiner symbolischen Bedeutung gewählt gewesen; bei dieser Darstellung aber können wir davon ausgehen, dass keine Pflanze, kein Vogel um irgendeines Symbolwerts willen da ist. Das Fresko stellt die Natur ohne jeglichen Anklang an einen geistigen Gehalt, frei von Anspielungen auf einen solchen Kontext dar.[23] Um Natur als ein Objekt nachzeichnen zu können, das sich aufgrund sorgfältiger Beobachtung impressionistisch wiedergeben lässt, wie auf diesem Bild, war ein Bewusstseinsschritt notwendig, der nun das Verhältnis des Menschen zur Natur im Ganzen prägte. Dieses Bewusstsein war fortan für die Gartengestaltung der Römer bestimmend.

Ab dem 1. Jahrhundert vor Christus bildet sich bei den Römern eine wachsende Neigung zum Panorama heraus. In seinen Schriften aus dem ersten Jahrhundert nach Christi Geburt geht Seneca darauf ein, wie der Standort von Villen am Meer oder auf einem Hügel im Hinblick auf einen attraktiven Blick gewählt wurde.[24] Auch an einem See gelegene Grundstücke erfreuten sich großer Beliebtheit. Im Idealfall war dieser Blick nicht auf die Natur im Urzustand, sondern auf eine gezähmte, von Menschenhand bezwungene Landschaft gerichtet. Das Gelände vom Haus aus überblicken zu können war eine Grundvoraussetzung des römischen Gartens, die insbesondere für den Landsitz galt. Um den Blick von der Villa reizvoller zu gestalten und die Landschaft ganz der Hoheit des Besitzers zu unterstellen, wurde bei größeren Anwesen die Geländestruktur verändert und durchgreifend umgestaltet. Erhebungen wurden eingeebnet, Alleen mit exakt geradliniger Führung angelegt, Wege und Beete so gestaltet und verteilt, dass sie dem Ordnungssinn der Römer und ihrer Vorliebe für die Symmetrie entsprachen. Das Ziel dabei war, wie der Dichter Statius in seiner Beschreibung von Villa und Garten des Freundes Pollius Felix hervorhebt, die wilde Natur mithilfe von Technik und kunstvoller Gestaltung zu «zähmen». In seine Worte gefasst wurde so die Natur,

> «... die vormals wild und hässlich war, zu einem wohlgefälligen Ort ... War der Grund eben, wo einst ein Hügel sich erhob ... Waren hehre Haine, wo einst sich keine Erde fand: der Besitzer hat den Ort gezähmt... ein jedes Fenster bietet Ausblick auf eine andersartige Szenerie».[25]

Bemerkenswert ist die Verbindung von «wild» und «hässlich» und wie dabei die Vorstellung von Schönheit mit einer durch den Menschen «gezähmten» Natur verknüpft wird. Naturschönheit war für damalige Augen offensichtlich nur über das Zähmen zu erreichen, wofür die Natur einer dem menschlichen Schönheitssinn entsprechenden Regulierung unterworfen wurde. Somit ist es auch nur angemessen, dass auf dem Anwesen der Villa des Pollius Felix ein Tempel zu Ehren des Helden errichtet wurde, der allen voran Repräsentant und Inbegriff menschlicher Kraft und Stärke war: Herkules.[26]

Die Ansicht des römischen Gartens ist durch eine ganze Reihe von Strukturelementen geprägt, die Zeugnis vom Eingriff des Menschen geben: das reicht von Zäunen, Brunnen und Pergolen über Terrassen, tiefgelegte Rasenflächen, Zierteiche, große, für unseren heutigen Geschmack oft überdimensionierte Statuen und Skulpturen bis hin zu künstlich angelegten Höhlen und Grotten. Abbildung 1.11 zeigt den recht typischen Entwurf eines konsequent symmetrisch gestalteten Gartens mit einem

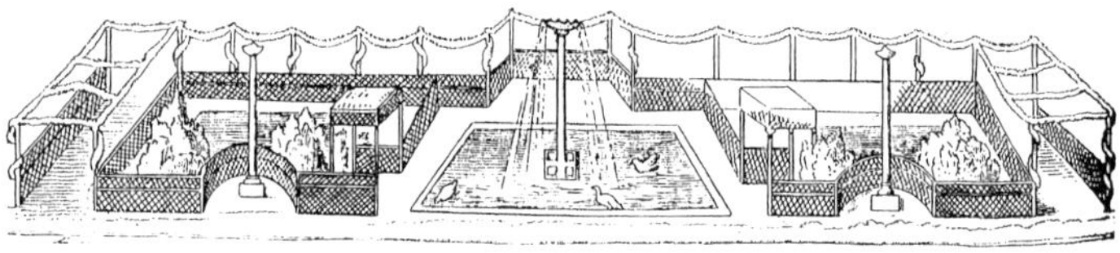

Abb. 1.11 Fresko-Vorzeichnung einer römischen Gartenanlage mit einem Zier-Wasserbecken, das von symmetrisch angeordneten Lauben, Pergolen und gezäunten Einfriedungen umgeben ist.

Wasserbecken und Fontäne als Mittelpunkt und darum herum angeordneten Lauben, gezäunten Einfriedungen und Pergolen.

Der Garten ist von einer Strukturiertheit und Ordnung gezeichnet, die ihm ein eher architektonisches als natürliches Gepräge gibt. Auffällig ist die quadratische Form des Wasserbeckens wie auch die Wahl von Zäunen anstelle der Heckeneinfassung mit lebenden Pflanzen bei der Unterteilung in verschiedene Bereiche. Mit fester Hand wird hier die Natur in Schach gehalten und dafür gesorgt, dass sie zweifelsfrei der menschlichen Herrschaft untersteht.

Ganz ähnlich ist der in Abbildung 1.12 vorgestellte Gartenplan mit seiner ebenfalls symmetrisch bestimmten Anordnung von Pergolen und Bäumen, Urnen und Statuen sowie dem Einsatz von Zäunen zur Markierung der Flächeneinteilung.

Unabdingbar für jeden Garten, ob klein oder groß, ländlich oder städtisch, war die Aufnahme eines dekorativen, kultischen Wasserelements mit einem Brunnen, dem sogenannten *nymphaeum* (Abb. 1.13). Dieses Element geht auf die alte Verehrung der geistigen Wesen zurück, die dem Ursprungsort einer jeden Quelle zugehören und die von der ländlichen Bevölkerung in ganz Italien an besonderen geweihten Kultstätten verehrt wurden. Unabhängig vom Vorhandensein einer Quelle war das Nymphäum bald zum regulären Bestandteil

Abb. 1.12 Fresko-Vorzeichnung einer römischen Gartenanlage, bei der alle Elemente sorgfältig in den symmetrischen Grundplan eingefügt sind.

eines römischen Gartens geworden. Bei größeren Anlagen erstellte man als Behausung auch gerne eine künstliche Grotte dafür. Das Nymphäum selbst bestand üblicherweise aus einem großen, oftmals reich verzierten Becken, das dank der Kanalisierungstechniken, die die Römer meisterhaft beherrschten, mit einem Zu- und Ablauf versehen war. Damit wurde das Nymphäum zu einem Schmuckelement, das über die ihm noch anhaftende kultische Bedeutung hinaus auch für seine Technik und den Zierwert geschätzt wurde.[27]

Dieses Schicksal ereilte auch andere kleine kultische Bauwerke wie die Larenschreine oder Ädikulen (*aediculae*), die auf den Volksglauben zurückgingen und im ländlichen Raum verbreitet waren. Sobald sie zum festen Bestand der formell gestalteten Gartenanlagen gehörten, trat der Zierwert gleichberechtigt neben die religiöse Bedeutung, und damit waren sie mehr oder weniger in die vom Menschen geschaffene Ästhetik eingebunden. Das besagt nicht, dass dem römischen Garten ein Element aufrichtiger religiöser Empfindung völlig abhanden gekommen wäre, doch ist seit der Zeit der späten Republik eine Art Versteinerungsprozess zu beobachten, und zwar sowohl im religiösen Bewusstsein selbst wie auch bei der Gestaltung religiöser Zeremonien und Symbole, in denen es zum Ausdruck gebracht wird. So, wie sich bei den traditionellen Riten der römischen

Frömmigkeit die Aufmerksamkeit immer mehr dem Akt des Zelebrierens zuwandte, vollzog sich im römischen Garten bei den ursprünglich der religiösen Andacht dienenden Elementen eine entsprechende Verschiebung zugunsten ihres Dekorationswerts. Dies sind Anzeichen dafür, dass das innere Leben nicht mehr in rechter Weise genährt wurde, und erklärt auch, warum die östlichen Mysterienkulte, die im 1. Jahrhundert vor Christus aufkamen, sich alsbald verbreiteten: stillten sie doch das Verlangen nach einer religiösen Erfahrung, das die traditionelle Religion nicht mehr befriedigen konnte.[28]

Von besonderer Bedeutung in der Entwicklung des römischen Gartens ist die Einführung des Formschnitts in der Frühen Kaiserzeit. Dabei werden Pflanzen in eine von ihrem Besitzer gewählte Form geschnitten, und die Weiterentwicklung des Formschnitts zu einer Kunst, der *ars topiaria*, ist der spezifisch römische Beitrag zur Gartenkultur. Sie entstand aus einem Bewusstsein heraus, das die den Pflanzen innewohnenden geistigen Wesen, die Dryaden, Hamadryaden und *anthousai* (Blumengeister) der Griechen, nicht mehr wahrnehmen konnte. Plinius der Ältere führt den Ursprung des Formschnitts auf einen Freund des Kaisers Augustus zurück. Um die Mitte des ersten Jahrhunderts unserer Zeitrechnung, als Plinius seine Schriften verfasste, hatte sich der Formschnitt zu einer Kunstform entwickelt, die insbesondere an Zypressen, Myrten und Buchs ausgeübt wurde. Ein geschickter Gärtner vermochte sie nicht nur in die Form geometrischer Figuren zu bringen, sondern konnte, Plinius' Darstellung zufolge, sogar extravagante Jagdszenen oder das Bild einer ganzen Schiffsflotte erstehen lassen.[29] Doch waren die weniger ambitionierten geometrisch

Abb. 1.13 Eine Grotte mit Nymphäum am Eingang und einer Pergola darüber.

Abb. 1.14 Das Vermächtnis Roms: Formschnittbäume in einem Wiener Garten des 18. Jahrhunderts.

geformten Gehölze zweifellos weit häufiger anzutreffen. Abbildung 1.14 lässt uns den Geist der römischen Praktik erahnen, auch wenn dieser Stich einen Wiener Garten aus dem 18. Jahrhundert vorstellt. Obwohl er der frühen Neuzeit entstammt, vermittelt er uns doch einen Eindruck von der älteren römischen Kunst, der er formal und auch in der zugrunde liegenden Mentalität nacheifert.

Bei einem Neffen von Plinius, Plinius dem Jüngeren, erfahren wir, dass ein Sklave als Formschnitt-Meister oder *topiarius* mit dieser Aufgabe betraut war und sich unter anderem auf die Kunst verstand, Buchsbäumchen in Buchstabenform zu schneiden, sodass sie den Namen des Besitzers, in diesem

Fall also Plinius' eigenen Namenszug, präsentierten.[30] Hierin drückt sich klar die Vorstellung von einem Besitzanspruch des Menschen gegenüber der Pflanze aus, eine Auffassung, die es so in der bisher vorherrschenden Beziehung zwischen Mensch und Natur nicht gegeben hatte. Sie bestätigt den zuvor beschriebenen Grad der Entfremdung und führt uns vor Augen, wie weit Götter und Geister sich für die Wahrnehmung der Römer aus der Natur zurückgezogen hatten. Im Machtverhältnis zwischen Mensch und Natur hatte Ersterer ein dramatisches Übergewicht erlangt. In einer Kultur, die sich auf die Sklaverei stützte – Plinius der Jüngere gebot über fünfhundert Sklaven –, erfuhr das Herr-Sklave-Verhältnis im römischen Garten eine Ausdehnung auf den Umgang des Menschen mit der natürlichen Welt. Die Formschnittkunst bringt dies eklatant zum Ausdruck, bewirkt sie doch die Auslöschung des natürlichen Habitus einer Pflanze, der Gestalt, an der wir sie erkennen. Die Pflanze wird damit «gesichtslos», und dieses Wort – «gesichtslos» (*aprosopos*) – war im alten Griechenland die Bezeichnung für den Sklaven.[31] Und so begreifen wir, dass die Römer Pflanzen wie Sklaven behandelten, die sich nun dem Willen ihres menschlichen Besitzers unterzuordnen hatten und eine ihnen fremde Gestalt aufgeprägt bekamen.

Wohl wurden die überlieferten religiösen Rituale zur Verehrung der natürlichen Welt beibehalten, waren Götter und Helden in Form von Schreinen und Statuen in den Gärten gegenwärtig. Dennoch können wir uns kaum des Eindrucks erwehren, dass der Garten für den Römer im Wesentlichen eine Gelegenheit bot, die Rolle des Menschen als Herrscher über die Natur, die er als Untertan in seine Dienste zwingt, glanzvoll zu präsentieren. Der römische Garten, der sich in der Zeit der späten Republik und Frühen Kaiserzeit so herausbildete, war

Ausdruck der Autonomie des Menschen von den unsichtbar in der Natur waltenden Kräften, denen er vormals so treu ergeben war, und seinem Wesen nach eine Schöpfung *von Menschen für Menschen*. Er war kaum mehr ein Ort der Begegnung mit den Göttern. Sie wurden nun einem anderen Zweck des Gartens untergeordnet, nämlich dem Wohlergehen und Vergnügen der Menschen zu dienen und den Eindruck vom Menschen als einer Macht *vis à vis* der Natur zu vermitteln.

2. Der Garten im Mittelalter

Der Paradiesgarten

Mit dem Niedergang des Römischen Reichs fiel die Gartenkunst im gesamten Europa auf den Stand des rein zweckmäßigen Anbaus von Gemüse, Früchten und Kräutern zurück. In der islamischen Welt aber entwickelte sich ein anderer Gartenstil. Wie im römischen Garten kam den architektonischen Elementen auch hier eine herrschende Rolle zu, doch waren Sinn und Zweck ganz auf die Religion ausgerichtet.[32] Die Wurzeln des islamischen Gartens reichen zurück zu den *pairidaezas*, den mauerumschlossenen Gärten und der Geselligkeit und königlichen Jagd dienenden Parks im alten Persien. Hierbei handelt es sich um geschützte, oft sehr weiträumige Areale, die gegen das Umland abgeschlossen waren. Und diese Vorstellung von einem ummauerten, abgeschlossenen Bereich, der als geweihter Grund betrachtet wurde, ist der Ausgangspunkt für das in der islamischen Welt entwickelte Bild vom Paradies.[33]

Der islamische oder orientalische Garten, wie er sich ab dem 9. Jahrhundert herausgebildet hat, ist streng formal gestaltet. Symmetrie und Ordnung sind die Grundprinzipien bei Auswahl und Anordnung der einzelnen Elemente: dem Wasserbecken, Bassin oder Springbrunnen im Zentrum, den wasserführenden Kanälen, wovon es im Idealfall vier gab, und den Bäumen, bei denen es sich um Olivenbäume, Dattelpalmen, Feigen- und Granatapfelbäume handeln mochte.[34] Auch hier musste sich die Natur dem Ordnungswillen des Menschen beugen, doch nicht, um den Machtanspruch des Menschen vor Augen zu führen: Ordnung war vielmehr Ausdruck und Manifestation transzendenter, göttlich-geistiger Prinzipien. Die Gestaltung des islamischen Gartens war von den Grundsätzen der Heiligen Geometrie und der Symbolsprache der Religion bestimmt. Dem zentral platzierten Wasserbecken, das zumeist recht- oder achteckig war, kam – wie im alten ägyptischen Garten – höchste Bedeutung zu. Es war Sinnbild für das göttliche Lebenswasser und als solches stand es symbolisch für die Quelle der Erneuerung und geistigen Kraft im Zentrum des Paradieses. Auch den anderen Gartenelementen lag eine tief religiöse Bedeutung zugrunde, denn ein jedes sollte dazu beitragen, den Garten zu einem irdischen Abbild des geistigen Urbilds vom Paradiesgarten zu machen. So versinnbildlichten die vier Kanäle, die den Garten in Quadranten unterteilten, die vier Ströme des Paradieses, wie sie im Koran beschrieben sind, und die vier Baumarten standen für die verschiedenen Stufen auf dem Weg zur Erleuchtung.[35]

Die unterschiedlichen Gartenbereiche wie Blumenbeete, Bäume, Wege und Sitzplätze waren üblicherweise in geometrischer Unterteilung um das zentrale Wasserelement herum angeordnet und strahlten Ruhe und Harmonie aus (siehe Abb. 2.1).[36] Selbst wenn der Garten bei den Innenhöfen der Stadthäuser auf das absolute Minimum eines kleinen, im Zentrum platzierten Wasserbeckens oder Wasserspiels mit einer Handvoll Pflanzen in Töpfen reduziert war, war seine Bestimmung als heiliger Schutzraum bis in den letzten Winkel hinein spürbar. Tatsächlich wurde der Bepflanzung mit Bäumen und Blumen keine allzu große Bedeutung beigemessen, und es kam auch oft vor, dass sie aus Platzmangel ganz entfiel. Das Wasser aber, das

Abb. 2.1 Ein typisch islamischer Garten.

den Urquell des Geistigen symbolisierte, war unabkömmliches Schlüsselelement und durfte nirgends fehlen.

Der in Abbildung 2.1 gezeigte Garten verkörpert den Idealtypus mit seinem zentralen Wasserbecken, den vier kreuzförmig darauf zulaufenden Kanälen und den um das Becken herum angeordneten blühenden Mandelbäumen, mit seinen abgesenkten Blumenbeeten und den Zypressen und Platanen in einem Winkel bei der hohen, den gesamten Garten umschließenden Mauer.

Seiner Bestimmung nach war der islamische Garten ein Ort für Gebet und Kontemplation. In der friedvollen Stille des Gartens fand man zu seinem höheren inneren Zentrum. Um dieser Eigenschaft gerecht zu werden, musste er von der Welt abgeschlossen sein, entweder durch eine hohe Mauer oder die Lage in einem Innenhof, und darüber hinaus nach genau festgelegten geometrischen und symbolischen Prinzipien gestaltet werden. Hier in unserer nördlichen Zone lieben wir die natürlicheren, in keine feste Form gezwungenen Gärten, und wenn wir nun angesichts der Formalität des islamischen Gartens ein inneres Zurückschrecken in uns verspüren, mag es uns mit der Strenge versöhnen, wenn wir ihren Ursprung und Sinn kennen: nämlich eine Umgebung zu erschaffen, in der die Seele den im Paradies verkörperten Frieden, seine Ordnung und Harmonie erfahren kann. In der islamischen Dichtung begegnet uns genau dieser streng formale Garten sehr oft als Bild für das erleuchtete Herz oder den «Garten des Herzens».[37] Somit war der islamische Garten niemals nur und ganz «dort draußen» angesiedelt – denn das konnte ja kaum sein, wenn er zugleich als Ideal und Sehnsuchtsziel der Seele im Menschen selbst lag.

Abb. 2.2 Der Garten Eden als Urbild für den mittelalterlichen *hortus conclusus*.

eufrates
tigris
gyon
phison

Der *hortus conclusus* oder «umfriedete Garten», der uns im europäischen Mittelalter begegnet und sich im 12. Jahrhundert zunehmender Beliebtheit erfreute, lässt in vieler Hinsicht die Paradiessymbolik des islamischen Gartens anklingen. Auch er diente vornehmlich geistiger Erhebung und Kontemplation. Dies zeigt sich in seiner typischen Grundausstattung: dem häufig anzutreffenden zentralen Wasserelement in Form eines Beckens oder Brunnens mit verschiedenen symbolträchtigen Bäumen und Blumen dazu und dem das Gelände umschließenden Flechtzaun oder Mauerwerk. All dies sollte in dem Eintretenden ein Bild vom Paradies wachrufen. Daher war es Aufgabe des Gartens, so auf die Seele des Besuchers zu wirken, dass dessen Erfahrung nicht auf die äußere Wahrnehmung von Blumen, Bäumen und Brunnen beschränkt blieb. Vielmehr sollte er den Menschen zu einer weit größeren inneren Erfahrung hinführen, die den Vorhang, der die äußere Sinneswelt von der geistigen Welt trennte, genau hier, an diesem Ort, hinwegzuziehen vermochte.

Ein solches Hinwegziehen des Vorhangs zwischen der sinnlich-physischen und der göttlich-geistigen Welt ist in Abbildung 2.2 dargestellt, wo Gott Adam und Eva in den Garten Eden führt. Aus dem Portal der Himmelskathedrale treten sie in einen sprießenden Garten mit einem Brunnen als Mittelpunkt und den beiden Bäumen des Gartens Eden zu seinen Seiten. Unter den Bäumen und um sie herum wachsen vielfältige Blumen, zwischen denen wir verschiedene Tiere entdecken können. Auch dieser Garten ist, wie der islamische Paradiesgarten, von einer Mauer umschlossen, aus der sich die vier Ströme des Paradieses ergießen. Wir blicken auf ein archetypisches Bild, das Geistiges und Irdisches vereint und ebenso der inneren Welt von Gebet und Kontemplation angehört, wie es

Abb. 2.3 Der «Mariengarten» als ein *hortus conclusus* nach dem Vorbild des Paradiesgartens.

Bestandteile eines beliebigen Gartens der äußeren Welt enthält, indem es uns die himmlische Verfassung des Menschen vor dem Sündenfall vor Augen führt und zugleich das Versprechen einer Rückkehr der Seele zu Gott.

Dieses Versprechen einer Rückführung der gefallenen Menschheit zu Gott war hervorragend in der Gestalt der Jungfrau Maria versinnbildlicht, die für die geläuterte Menschenseele stand. Weil ihr Wille ganz nach dem Willen Gottes ausgerichtet war, konnte sie Christus, den göttlichen Menschen, in diese Welt hineintragen. Der *hortus conclusus* war eigentlich der Garten Marias: im *hortus conclusus* trat man in die Seelenwelt Marias ein. Die äußere Erfahrung sollte dem Menschen ein inneres Wesen zur Gegenwart bringen, das ihn dazu aufrief, sich auf sein innerstes Selbst zu besinnen.

Abbildung 2.3 zeigt uns wiederum eine Darstellung des Paradiesgartens, nun mit einem Engel, der seinen Eingang bewacht. Im Garten aber sind Adam und Eva durch die Mariengestalt ersetzt, während die wunderschöne Christusgestalt draußen (vorne links auf dem Bild) darauf wartet, eingelassen zu werden. In diesem Fall stellt der umschlossene Garten die Menschenseele als Braut des Christus vor. Die Erklärung bietenden Schriftrollen auf dem Bild geben Zitate aus dem Hohelied Salomos wieder, Worte, die nun Christus an Maria richtet, die hier als seine Braut dargestellt ist.

> «Ein umschlossener Garten ist meine Schwester, meine Braut, ein verschlossener Garten, ein versiegelter Brunnen … ein Gartenbrunnen, ein Quell lebendigen Wassers, das aus den Strömen des Libanons fließt … Erhebe dich, Nordwind, und komm, du, Südwind, weht über meinen Garten hin und breitet im Strom eures Wehens seine Düfte in ihm aus.»[38]

Das Naturverständnis im Mittelalter

Bevor wir nun der Bedeutung des *hortus conclusus* weiter nachgehen, wollen wir kurz innehalten und uns vor Augen führen, wie die Menschen im Mittelalter mit der Natur verbunden waren, denn nur vor diesem Hintergrund können wir wirklich verstehen, welche Bedeutung dem *hortus conclusus* in der Vorstellung und Gedankenwelt des Mittelalters zukam. Der Bewusstseinsimpuls, die Natur als Objekt wahrzunehmen, wie er bei den Römern so stark hervorgetreten war, wurde im Mittelalter in gewisser Weise zurückgenommen. Für die meisten Menschen war die Natur lebendig, beseelt und von geistigen Wesen bevölkert. In verschiedenen englischen Chroniken des Mittelalters werden Feen, Elfen und andere Naturgeister nicht nur erwähnt, die Chronisten sprechen ganz offen und freimütig über sie.[39] Die Schriften des Universalgelehrten Martianus Capella aus dem fünften Jahrhundert übermittelten sehr viel von dem Wissen der Antike. Sie sind im frühen Mittelalter verbreitet gelesen worden und genossen hohes Ansehen. So kam es, dass auch die Anschauung der Antike von einer mit geistigen Wesen bevölkerten Natur mit Respekt aufgenommen wurde.[40]

Daher konnten Denker wie Bernardus Silvestris, die dem Platonismus zuneigten, trotz der theologisch auferlegten Grenzen ganz unverblümt die Ansicht verbreiten, dass «die Erde, dort, wo sie uns zutiefst mit grünen Hügeln, blumenbedeckten Berghängen und Flussläufen beglückt oder sich mit grünem Waldgewand schmückt, uns von Sylvani, Faunen und Nymphen kündet, die an solchem Ort so ganz heiter unschuldsvoll ihr langwährendes Leben zubringen.»[41] Dies zeigt uns, dass die Naturerfahrung im Mittelalter durchaus nicht auf äußere, sinnlich wahrnehmbare Phänomene beschränkt war, sondern innere Qualitäten einschloss: Energien, Stimmungen, die ganze Atmosphäre, die sich in der Vorstellung mit diesen Naturgeistern verband. Damit wurde die Entwicklung zu einer Objektivierung hin für eine Weile zurückgehalten.

Ebenso bedeutungsvoll war die im Mittelalter verbreitete bildliche Vorstellung der Natur als nährende, weibliche Figur, wie sie in der Göttin Natura personifiziert war. In dem von Alanus ab Insulis zum Ende des 12. Jahrhunderts verfassten Werk *De planctu naturae* (*Von der Klage der Natur*) ist die sichtbare Welt als schmückendes Gewand für die Göttin Natura dargestellt. Die Planeten und Sternbilder des Tierkreises sind die Juwelen ihrer Krone; Vögel, Fische, Tiere, Kräuter und Bäume zieren Umhang, Kleid, Tunika und Untergewand, während die Schuhe mit Blumen besetzt sind.[42] In dieser Bildsprache kommt eine Auffassung zum Ausdruck, die in den folgenden Jahrhunderten sehr großen Einfluss gewinnen sollte, nämlich dass die Natur zwei Aspekte hat: *Natura naturans* und *Natura naturata*. Mit dem ersten Begriff wurde eine unsichtbare Wesenheit bezeichnet, deren Schöpferkraft die sichtbare Welt in all ihren Erscheinungsformen hervorbringt, während der zweite die physisch fassbaren Hervorbringungen dieser Schöpferkraft darstellt, die wir alle als sinnlich wahrnehmbare Objekte und Wesen um uns herum sehen. *Natura naturans* stellte die Natur als geistige Wesenheit dar, *Natura naturata* war die als physisches Objekt betrachtete Natur.[43]

Abbildung 2.4 zeichnet uns Natura als nährende Göttin, wie sie die in ihrem Schoß ruhende Erde säugt oder, richtiger, mit dem Strahl der aus ihren prallen Brüsten hervorgedrückten Milch besprengt.

Dieses Bild findet sich in einer Handschrift von Aristoteles' *Physik* aus dem späten Mittelalter, die den Text in griechischer, nicht lateinischer Sprache wiedergibt und daher nur vergleichsweise wenigen Gelehrten zugänglich war. Das griechische Wort *physis* steht für «Natur», und dass Natura selbst als Gegenstand der Abhandlung auf der ersten Seite der Handschrift erscheint, ist somit angemessen. Auffällig ist das Bild deshalb, weil diese zeittypische Bildvorstellung hier in einem gelehrten Text erscheint und uns damit zu verstehen gibt, dass eine solche Personifikation der Natur unter Gebildeten ebenso akzeptiert war wie in der ungebildeten breiten Bevölkerung.

Abb. 2.4 Die Göttin Natura nährt die Erde mit ihrer Milch.

Eine ganz andere Darstellung der Natura gibt uns Abbildung 2.5, wo sie uns eher matronenhaft als Oberin erscheint, wie sie dort steht und die verschiedenen Königreiche der Natur von ihren geistigen Töchtern in Empfang nimmt. Jede Tochter wird uns auf einer bestimmten Entwicklungsstufe von der Jugend zum Erwachsenen vorgestellt und trägt eine andere Lebensstufe in Händen, um sie Natura zu übergeben: ganz links das Mineralische, als Nächstes das Leben, so, wie es in der Pflanzenwelt zum Ausdruck kommt, sodann die Empfindung, wie sie den Tieren eigen ist, und schließlich die *ratio,* den Verstand, der dem Menschenwesen zugehört. Nach mittelalterlicher

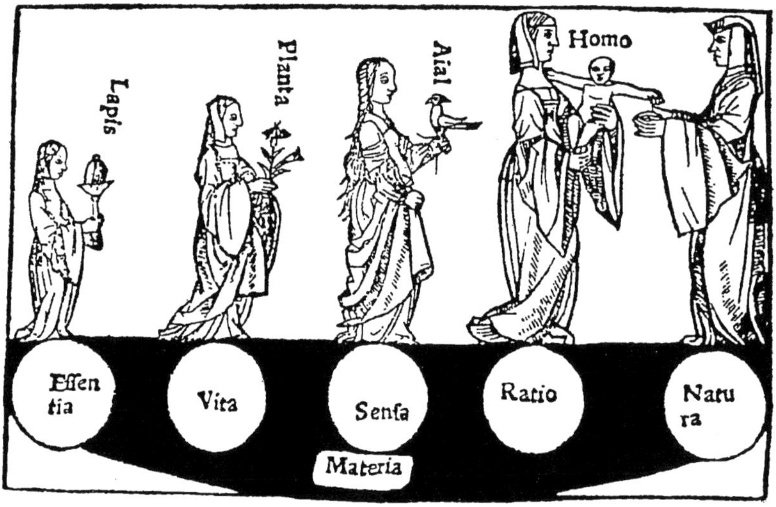

Abb. 2.5 Die Lebensstufen der Natur.

Vorstellung konnte der Mensch nur dann ein wirklich menschliches Leben ausfüllen, wenn er in Übereinstimmung mit Vernunft und Verstand lebte. Hat der Verstand eine kontemplative Schulung erfahren, kann unser Bewusstsein ein gespiegeltes Abbild der göttlich-kosmischen Weltordnung aufnehmen und befähigt uns so, bewusst über den größeren Makrokosmos, von dem wir selbst ein Teil sind, zu reflektieren. Ohne diese wach-bewusste Wahrnehmung des reflektierenden Bewusstseins blieben die Kinder der Natura *(Natura naturata)* von ihrem Ursprung, der Schöpferkraft, die sie hervorbringt *(Natura naturans)*, abgetrennt und Natura könnte letztendlich kein Bewusstsein von sich selbst haben. Indem Natura schließlich das Menschenkind in ihren Armen empfängt, kann sie sozusagen über das menschliche Bewusstsein zu sich selbst finden.

Es gab im Mittelalter aber durchaus nicht nur den Typus des umfriedeten «Paradiesgartens». Am häufigsten anzutreffen war der «Küchengarten», der für die Anzucht von Gemüse und Kräutern sauber und ordentlich aufgeteilt war, weiterhin Obstgärten, die eine reiche Auswahl von Bäumen beherbergten, Früchte und Nüsse hervorbrachten und von ganz verschiedener Größe waren, je nach Güterstand ihres Besitzers. Die größeren, der Lustbarkeit dienenden Parkanlagen mit Wald, Weiden, Teichen und Reitwegen waren dem Adel vorbehalten.[44] Viele Gärten gab es im Mittelalter und sie waren vielgestaltig, doch ist der im 12. Jahrhundert aufgekommene umfriedete Garten, der *hortus conclusus*, ganz zweifellos die Gartenform, die den Geist des Mittelalters am treffendsten zum Ausdruck bringt. Und so wollen wir uns hier nun erneut diesem *hortus conclusus* zuwenden, um sein Wesen tiefer zu ergründen.

Zahlreiche Darstellungen des umfriedeten Gartens, die alle aus dem späteren Mittelalter stammen, lassen erkennen, dass er aus festen Grundbestandteilen komponiert war. Das war vornehmlich eine frei wachsende Wiese oder Blumenwiese mit einer Vielzahl süß duftender Kräuter und Blumen, die den Boden unter einigen blühenden Frucht- und Nussbäumen bedeckten, und dies alles war von einer Mauer oder einem Flechtzaun umschlossen. Oft zeigen die Darstellungen auch ein paar schlichte Rasenbänke bei einem Tümpel, Wasserbecken oder Brunnen. In der Abhandlung über den Ziergarten («De plantatione viridariorum») im Rahmen seines Werkes *Sieben Bücher über die Gewächse (De vegetabilibus libri VII)* aus dem 13. Jahrhundert gibt Albertus Magnus eine recht detaillierte Beschreibung von einem solchen Garten. Wir erfahren dort, dass Weinraute,

Abb. 2.6 Der Dichter und Komponist Guillaume de Machaud sitzt schreibend an der Quelle in einem umfriedeten Garten, der mit Bäumen und Blumen bepflanzt ist. Französische Handschrift des 14. Jahrhunderts.

Salbei und Basilikum unter den Kräutern anzutreffen waren, und bei den Blumen gab es Veilchen, Akelei, Lilien, Rosen und Schwertlilien, die unter Bäumen wie Birnbaum, Apfelbaum, Granatapfelbaum und Walnussbaum gezogen wurden. In der Mitte des Gartens sollte eine «ganz reine Quelle fließen, die in einem Steingefäß aufgefangen wird» und es sollte «ein blühendes und angenehmes Rasenstück erhöht sein und ungefähr in der Mitte als Sitzplatz geeignet».[45] Diese Beschreibung des Albertus Magnus stimmt recht gut mit dem zuvor gezeigten Garten aus einer Handschrift um die Mitte des 14. Jahrhunderts überein (Abb. 2.6) und passt darüber hinaus auch zu einer Gartenbeschreibung aus dem frühen 12. Jahrhundert, die sich in der Schrift *Das Leben der heiligen Luitgard von Wittichen* findet.[46] So können wir also schließen, dass sich die Vorstellung vom idealen Garten zwischen dem 12. und 14. Jahrhundert im Großen und Ganzen kaum verändert hat.

Jeder Garten, sei er nun aus der Antike, dem Mittelalter oder unserer modernen Zeit, will eine Absicht zum Ausdruck bringen, die klar hervortreten oder auch nur leise anklingen mag. Wenn wir eine Gartenanlage betrachten, suchen wir herauszufinden, wie eine bestimmte Wirkung bewusst hervorgerufen wurde, und dies gilt ganz genauso für den umfriedeten Garten mit seiner Blumenwiese. Welche Absicht liegt also seinem Plan zugrunde? Bei der Blumenwiese ging es gewiss nicht um Beherrschung der Natur, sondern darum, die natürliche Schönheit so herauszuheben, dass sie religiös bedeutsam wurde. Teresa McLean drückt es mit folgenden Worten aus:

> «Die Blumenwiese war der *locus amoenus*, der ‹liebliche Ort› in Gottes schöner Welt, den der Mensch umfriedet hatte als seinen Besitz und dessen Schönheit er, soweit dies möglich war, zu erhöhen suchte, indem er weitere Wiesenblumen hinzufügte.»[47]

Dies wollen wir hier noch etwas genauer ausführen. Wir haben nun schon gesehen, dass der umfriedete Garten, nachdem er einmal mit der Jungfrau Maria in Verbindung gebracht war, zum Bild der gewandelten und geläuterten Seele wurde, die das himmlische Paradies geistiger Tugenden und Urformen zu spiegeln vermochte. So betrachtet war der *hortus conclusus* nicht nur *in der Vorstellung* mit der Jungfrau Maria verbunden, die als einziges Menschenwesen von solcher Reinheit war, dass sie den Christus in die Welt bringen konnte. Vielmehr stand der Garten *wirklich und tatsächlich* als Symbol für sie: Sie *war* der umfriedete Garten und der umfriedete Garten *war* sie. Dies

Abb. 2.7 Die Jungfrau Maria als umfriedeter Garten.

kommt wunderbar in Abbildung 2.7 zum Ausdruck, wo der umfriedete Garten in der Gestalt der Jungfrau Maria personifiziert wird, die, so wie die Blumen um sie herum, aus dem Erdboden hervorzuwachsen scheint.[48]

Nun war die Jungfrau Maria in der Vorstellungswelt des Mittelalters aber durchaus nicht auf ihre menschliche Erscheinung begrenzt. Als einziger weiblicher Figur, die einen zentralen Platz in der christlichen Religion einnimmt, wurden ihr unweigerlich Attribute zugesprochen, die ursprünglich den großen Göttinnen der Antike vorbehalten waren. Und nachdem der Volksglaube Maria bereits mit den Lebenskräften der Erde und der Fruchtbarkeit der Felder verbunden hatte, wurde sie auf dieser Ebene auch mit den großen Göttinnen der Antike, allen voran der verloren gegangenen Göttin der Erde identifiziert. In

Abb. 2.8 Maria als Rose der Welt (Rosa Mundi).

Gesängen, Bildern und Ritualen ist Maria durchgängig mit der alten Muttergöttin gleichgesetzt.[49] In der Bildsprache begegnen wir ihr immer wieder in Verbindung mit dem reifenden Korn, und in einem Preislied heißt es, dass sie die «Wiese so wonnevoll erblühen lässt».[50] Maria war sehr viel mehr als der jungfräuliche Schoß, aus dem Jesus geboren wurde – sie war der Schoß der Schöpfung selbst. In der symbolischen Darstellung Marias als *Rosa Mundi* (Rose der Welt) wird dies eindrucksvoll sichtbar (Abb. 2.8).[51] Mochte Maria auch von der *Theologie* ebenso wenig als göttlich anerkannt sein wie die Göttin Natura – dem Volksglauben entging die *mythologische* Übereinstimmung zwischen beiden nicht, für ihn fielen sie unweigerlich ineins.

In dem mutterleibartig umfriedeten Garten mit seiner «Wiese so wonnevoll» bewegte man sich also in einem heiligen Bezirk, man trat ein in die Gegenwart der göttlichen Weiblichkeit, der Rose der Welt, des Lebensborns, der *mater generationis* oder «Allmutter», in deren Schoß «Himmel und Erde ruhen».[52] Dies ist der Grund, weshalb der *hortus conclusus* zuallermeist mit Maria als beherrschender Figur dargestellt wurde, die nicht nur in seinem Mittelpunkt platziert war, sondern mehr oder weniger den ganzen Garten ausfüllte.

In Abbildung 2.9 sehen wir sie mit dem Jesuskind in der Gesellschaft von Engeln, die auf Laute und Harfe musizieren. Der Bewuchs ist hier auf die beiden Bäume aus dem Garten Eden und genau drei Blumen beschränkt, die nicht eindeutig bestimmt werden können. Ganz gewiss aber handelt es sich bei der Gestalt um eine Göttin, die nur dem Namen nach keine Göttin ist. Mit dem Aufenthalt im umfriedeten Garten verband sich also für die Menschen immer auch ein gewisses Gewahrwerden der Gegenwart Marias. Somit konnten Sinn und

Abb. 2.9 Die alles beherrschende Gestalt der Jungfrau Maria im umfriedeten Garten.

Zweck des *hortus conclusus* nicht auf die Funktion eines angenehmen Orts für Erholung und Zeitvertreib begrenzt sein. Dieser Garten stand im Dienst einer religiösen Aufgabe, er war ein Ort, der ein gesteigertes Bewusstsein von der göttlichen Weiblichkeit als Urgrund der Schöpfung vermittelte.

Bemerkenswerterweise finden sich unter den zahlreichen Darstellungen der Jungfrau Maria in ihrem Garten nur sehr wenige, die uns einen Eindruck von der Vielfalt der Pflanzenwelt vermitteln, die dort versammelt gewesen sein mag. Eins aber ist sicher, nämlich dass sich mit einem bedeutenden Anteil der Pflanzen in den Augen des Betrachters eine spezifisch symbolische Bedeutung verband. Dabei handelte es sich nicht um einen willkürlich gesetzten Symbolwert, sondern um etwas, was ihrer Natur als zugehörig empfunden wurde und im Gestus ihrer Gestalt, der Art des Blatts, der Eigentümlichkeit ihrer Blüte und Frucht zum Ausdruck kommt. So kündete das makellose Weiß der Lilie von der Reinheit der Jungfrau, die rote Rose verwies auf ihre Rolle in der Passion Christi und ihre vollkommene Liebe. Die erfrischende Süße der Kirschen war Inbegriff der Himmelsfreuden, die Erdbeere Frucht der Gerechten, während ihr dreigeteiltes Blatt für die Dreieinigkeit stand. Die dicht am Erdboden blühenden Veilchen wiesen auf ihre Demut hin und die fein verhaltenen Maiglöckchen auf ihre Sanftmut.[53] All diese Pflanzen finden sich auf dem in Abbildung 2.10 gezeigten Ausschnitt eines Gemäldes aus dem späten Mittelalter.

Bei dieser Zuordnung moralischer Attribute geht es aber nicht einfach darum, dass die Blumen für das damalige Bewusstsein bestimmte moralische Eigenschaften des Menschen spiegelten. Weit wichtiger war, dass sich die Eigenschaften der Pflanzen im Spiegel der Menschenseele offenbaren konnten. Und in dem Bemühen, genau dieses zu vollbringen, betritt der Mensch den Weg, der ihn dazu führt, selbst zum mikrokosmischen Spiegel für jene geistigen Impulse zu werden, die der Schöpfung zugrunde liegen, nämlich wenn er sie in seinem täglichen Tun bewusst zur Erscheinung bringt.[54] Soweit ein

Abb. 2.10 Einblick in die Symbolwelt des mittelalterlichen *hortus conclusus.*

Mensch durch die Ausbildung und Verkörperung der christlichen Tugenden innere Unschuld erlangen konnte, waren was die Menschenseele bewegt und was in der unschuldigen Pflanzenwelt webt harmonisch vereint. Damit war der *hortus conclusus* der Ort, wo das menschliche Innenleben zum Spiegel des Innenlebens der Natur werden konnte und umgekehrt, und zwar genau in dem Maß, in dem es dem Menschen gelang, die im Pflanzenreich verkörperten Tugenden menschengemäß, also auf eine *moralische* Weise, umzusetzen. So war der Garten mit seinen unschuldigen Blumen ein Lehrer, dessen

Lehre darin bestand, die Menschen an ihre inneren geistigen Aufgaben zu erinnern.

Damit soll nun nicht gesagt sein, dass der *hortus conclusus* einzig und allein zu religiösen Zwecken erschaffen war oder solchen dienen sollte, doch war die religiöse Bedeutungsebene ein fester Bestandteil. Die Trennung zwischen dem Geistlichen und Weltlichen, die wir heute haben, gab es im Mittelalter noch nicht. Unser Zeitalter ist rein weltlich geprägt, und damit haben wir kein rechtes Bewusstsein davon, wie das Leben in der Kultur des europäischen Mittelalters so ganz von den religiösen Vorstellungen und Empfindungen durchdrungen war. Sie bestimmten nicht allein das Denken, sondern auch die Art und Weise, wie die Welt wahrgenommen und erfahren wurde, und auch die Art und Weise, wie die Menschen ihr Leben lebten.[55] Selbst wenn sie ihre geistigen und moralischen Ideale nicht erreichen konnten – wird der Mensch es denn je können? –, gab es kaum eine Handlung, die nicht vor dem Hintergrund und auf der Grundlage religiöser Gedanken und Gefühle ausgeführt wurde. Und so hatten die Menschen in diesem Garten ganz unabhängig von ihrem Tun gewiss immer ein Bewusstsein von der religiösen Symbolik, die ihm zugrundelag und seine Atmosphäre durchdrang.

Weiterhin sollten wir uns darüber im Klaren sein, dass die Jungfrau Maria, die auf einer allgemein verbreiteten mythologischen Ebene die Stelle der Frau Natura einnahm, andererseits und in gleicher Weise für jede verehrungswürdige Frau stand. In der Tradition der höfischen Minne, wie sie im 12. Jahrhundert hochentwickelt war, diente die Verehrung eines geliebten Menschen dem Liebenden als Instrument, zu einer höheren moralischen Stufe aufzusteigen. So weit, wie es dem Liebenden gelang, sein Werben durch die wahrhaft christliche Liebe

Abb. 2.11 Der umfriedete Garten als Garten der Liebe.

in Nächstenliebe, *caritas*, umzuwandeln, konnte die weltliche Liebe als Weg zum Paradies geheiligt werden. Dann nämlich handelte es sich um die wahre Liebe, wobei der ritterlich Liebende in der Geliebten das Bild der Jungfrau Maria sah und danach strebte, wie Christus zu werden, gleich der Geliebten, die nun als Braut Christi gesehen wurde und ihrerseits bestrebt war, zur Maria zu werden. Und so war der umfriedete Garten immer von der Wärme der irdischen und himmlischen Liebe zugleich erfüllt (Abb. 2.11).

3. Von der Renaissance ins 18. Jahrhundert

Das Erwachen des perspektivischen Bewusstseins

Kennzeichnend für das Ende des Mittelalters ist der stufenweise Verlust des «symbolischen Bewusstseins», für das jede Naturerscheinung zum Träger einer symbolischen Bedeutung werden konnte. Stattdessen wurden die Dinge nun zunehmend rein physisch gesehen, abgeschnitten von jeglicher Verbindung zu den archetypischen Welten religiöser Vorstellung. Dies heißt aber nicht, dass es nach dem Mittelalter keine Symbolik mehr gegeben hätte. In gewisser Weise kannten sich die Menschen der Renaissance in Mythologie und Symbolik sogar weit besser aus als ihre mittelalterlichen Vorgänger. Doch handelte es sich hierbei zunehmend um etwas, das erlernt wurde; Teil einer gelebten Naturerfahrung war es nicht mehr. Die Menschen mussten sich bilden, um in Symbolen denken zu können, während ihr Bewusstsein in den vorhergehenden Zeitaltern mit einem ursprünglichen symbolischen Vorstellungsvermögen begabt gewesen war. Mit dem ausgehenden Mittelalter wurde der Mensch in seiner Beziehung zur Natur mehr und mehr zum Betrachter und war in seinem Innenleben gänzlich abgetrennt von allem, was der natürlichen Welt angehörte. Daher konnte er nun auch ganz ohne den religiösen Bedeutungshintergrund ein Abbild der Natur mit den frisch entdeckten Mitteln der perspektivischen Darstellungskunst fertigen.

1435 verfasste Leon Battista Alberti seine bahnbrechende

Abb. 3.1 Schulung des neuen perspektivischen Bewusstseins.

Abhandlung *Della Pittura (Über die Malkunst)*, in der er die Prinzipien der perspektivischen Malerei so aufzeigte, dass der Künstler die Welt Schritt für Schritt räumlich darstellen konnte. In Europa war die Menschenseele im 15. Jahrhundert einem gewaltigen inneren Kampf unterworfen. Und insbesondere die Künstler waren intensiv daran beteiligt. Es ging darum, die Welt neu wahrzunehmen, und zwar ganz objektiv in einem dreidimensionalen Raum, das heißt bar aller vorgestellten Inhalte und unterschwelligen symbolischen Bezüge.[56] Die Wiederentdeckung der Perspektive war ein Ergebnis dieses Kampfes. Sie entsprach dem inneren Bedürfnis der Menschen, sich als menschliche Beobachter von den betrachteten Objekten zu lösen, was durch eine räumliche Distanzierung von Subjekt und Objekt erreicht wurde. Dies ist, historisch betrachtet, die Geburtsstunde der Individualität, so wie wir sie heute verstehen.

Abbildung 3.1 zeigt uns, wie die Technik der perspektivischen Darstellung geübt wurde. In dem Maß, wie der Künstler sich über das «perspektivische Bewusstsein» als Individuum mit einem eigenen, einzigartigen Standpunkt positioniert, wird die Frau zu einem Objekt.[57] Im Fall der Frau geschieht dieser objektivierende Umwandlungsprozess mittels des eingefügten Fadengitters, während der Künstler seinen spezifischen Blick und spezifischen Blickwinkel auf die Welt mithilfe eines statischen Objekts fixiert.

Wer mag diese Frau sein? Sollte sie gar Natura selbst vorstellen? Und könnte dieser Künstler mit seinem kühl konzentrierten, geschärften Blick ein Vorläufer des neuen wissenschaftlichen Bewusstseins sein? Mit der Aussage, dass es sich bei diesem Bild schlicht um eine Demonstration der Technik perspektivischer Darstellung handelt, werden wir ihm nicht gerecht. Der Künstler, der den Holzschnitt fertigte, Albrecht Dürer, war durchaus noch so weit im Mittelalter verankert, dass ihm wohl bewusst gewesen sein dürfte, mit einer solchen vor dem Hintergrund einer Hügellandschaft mit Bäumen liegenden Frauengestalt Natura selbst zu symbolisieren. Und doch stand er dabei zugleich so weit in der neuen Zeit, dass er das Neuartige einfangen und darstellen wollte, was in diesem nüchtern objektiv betrachtenden Künstler zum Ausdruck kommt, der seine ganze Kraft darauf richtet, die Objekte wirklichkeitsgetreu, genau so, wie er sie vor sich sieht, nachzuzeichnen.

Als junger Mann hatte Dürer Italien besucht und die 1495 entstandene, in Abbildung 3.2 wiedergegebene Landschaft führt uns seine so früh erlangte meisterhafte Beherrschung der Perspektive vor Augen.

Die Natur ist hier so dargestellt, wie sie einem distanzierten Betrachter erscheint, dem es allein darum geht, die Beschaffenheit der Landschaft bis ins Detail hinein von seinem spezifischen Blickwinkel aus abzubilden. Nirgendwo in diesem Bild findet sich ein Hinweis auf Nymphen oder die Jungfrau Maria,

Liebe Leserin, lieber Leser,

mit dieser Karte können Sie uns Ihre Fragen und Wünsche
oder Ihre Meinung zum Buch mitteilen.

Diese Karte entnahm ich dem Buch: ______________________________

Meine Meinung zu diesem Buch:

Ich habe folgende Fragen / Wünsche:

☐ **Ich bin damit einverstanden, dass meine Meinung eventuell veröffentlicht wird.** (Ggfs. bitte ankreuzen!)

Abb. 3.2 Albrecht Dürer, Norditalienische Landschaft, um 1495.

und in keinem der dargestellten Objekte wird auch nur andeutungsweise ein Symbolgehalt erkennbar. Engel, Götter oder Geister gibt es hier nicht, und die Landschaft ist nicht Szenerie einer biblischen Begebenheit. Doch war Dürer deshalb kein ungläubiger Mensch und seine Wahrnehmung der Natur nicht herzlos. Ganz gewiss nicht! Als Künstler zeichnet er sich aber durch eine überragende Genauigkeit und Detailtreue aus, und was er hier abbildet, ist eine Landschaft, die schlicht und einfach *als Landschaft* im dreidimensionalen Raum ausgebreitet vor uns liegt.

So werden hier im 15. Jahrhundert die ersten Schritte in Richtung einer Entzauberung der Natur getan. Auch wenn sie in der allgemeinen Vorstellung noch lange Zeit ihre Weiblichkeit behalten wird, verliert sie in den kommenden Jahrhunderten zunächst ihren Status als geistige Wesenheit oder Göttin, darauf unter dem Einfluss der mechanistischen Betrachtungsweise der neuen Wissenschaft auch ihre Seele und schließlich das Leben selbst.[58] Währenddessen wird die bisherige Ansicht über die Erfüllung des Menschseins, die darin lag, sich in die göttlich-natürliche Weltordnung einzufügen und ihr Spiegel zu werden, allmählich durch ein anderes Verständnis von erfülltem Menschsein ersetzt. Der beste Weg zur Selbstverwirklichung liegt nunmehr darin, unsere einzigartigen menschlichen Gaben zu entwickeln und unsere individuelle schöpferische Begabung, unseren besonderen «Genius» zum Ausdruck zu bringen. Zeitgleich mit der Entwicklung der Perspektive bildet sich auch der Humanismus als Weltanschauung heraus, denn der alles entscheidende Ausgangspunkt für beide ist das individuelle Ich-Bewusstsein. Statt sich in allem Streben nach dem Göttlichen auszurichten, verlagert sich der Schwerpunkt nun entschieden vom Göttlichen zum Menschen hin.

Dieser neue Geist findet seinen Ausdruck in einem Gartenstil, der die Entwicklung dort aufgreift, wo sie bei den Römern angekommen war. Leon Battista Alberti hat außer der Abhandlung über die Perspektive auch eine über die Architektur verfasst, worin er – großzügig aus dem Fundus der klassischen Autoren schöpfend – die Grundlagen der Gestaltung von Villa und Garten aufzeigt.[59] Und in den Köpfen der reichen Grundbesitzer etabliert sich wiederum die Vorstellung, dass man im Garten seinen Herrschaftsanspruch über die Natur zum Ausdruck bringen kann, indem man sie zwingt, sich in den Entwurf des Menschen zu fügen und seine ästhetischen Ideale zu verkörpern.

Darüber hinaus wurde Alberti mit der Gestaltung verschiedener Gartenanlagen beauftragt, die er jeweils als eine Erweiterung der Gebäudearchitektur konzipierte. Sie waren alle nach geometrischen Grundsätzen entworfen, mit schnurgeraden Wegen und in symmetrischen Mustern angelegten Beeten sowie Ordnung heischender Reihenpflanzung bei den Bäumen. Der Formschnitt war, wie schon im römischen Garten, ein bestimmendes Element, weshalb bevorzugt schnittverträgliche Gehölzarten gewählt wurden und solche, die sich für besondere Erziehungsformen eignen. Dabei kannte die Fantasterei keine Grenzen. In einem der Alberti-Gärten fanden sich Formschnittbäume in Gestalt von Affen, Eseln, einem Bären, Ochsen, Riesen und einer Harpyie, während der Garten seines Zeitgenossen Cosimo de' Medici mit Elefanten, einem Segelschiff, einem von Hunden gejagten Wolf und einem Hirsch mitsamt Geweih aufwartete.[60] Als weitere Schmuckelemente kamen neben dem Formschnitt verbreitet Brunnen, Skulpturen und architektonische Elemente wie Treppen und Balustraden zum Einsatz. Letztere waren von fundamentaler Bedeutung, denn mit ihnen ließ sich der Garten als abgestufte Folge von Terrassen anlegen. Dafür wurde die natürliche Geländeführung zugunsten eingeebneter Partien aufgegeben, die den passiven Untergrund für die Ausführung des Entwurfs bildeten. Auf diese Weise wurde der Garten zur Domäne des Architekten. Und so etablierte sich in der Renaissance ein Konzept, dem zufolge der Garten als integrierter Bestandteil der Baulichkeit betrachtet wurde und entsprechend als architektonisches Element am Reißbrett zu entwerfen war. Dies wurde im fünfzehnten und sechzehnten Jahrhundert zum dominierenden Gartenstil, der überall in Italien anzutreffen war und dem ganz Europa nacheiferte.

Die Gärten der Frührenaissance waren noch in einem vergleichsweise bescheidenen Maßstab gehalten, über Loggien und Terrassen, mittels Pergolen und überdachten Wegen mit dem Haus selbst verbunden, wodurch der Garten insgesamt als ein von der Architektur beherrschter Bereich empfunden wurde. Die Atmosphäre einer solchen Anlage lässt sich aus Abbildung 3.3 erahnen, die zwar einen deutschen Garten aus dem 17. Jahrhundert zeigt, doch dieser weist eine ganze Reihe von Elementen auf, die typisch für den Stil der italienischen Frührenaissance sind. Ein erster Blick zeigt uns bereits, dass die Fläche bis in den letzten Winkel durchgestaltet ist und sich überall dem ästhetischen Wertgefüge des Menschen unterordnet. Die riesenhaft dimensionierten Statuen von Jupiter und Merkur weisen darauf hin, dass sich dieses Wertgefüge auf das Rom der klassischen Antike stützt. Damit ist das mittelalterliche Verständnis vom Garten als einem Heiligtum nun durch eine Anschauung ersetzt, die den Garten zum Schaustück für die klassische Bildung und Kultur seines Besitzers macht.

Abb. 3.3 Ein Garten im Stil der italienischen Frührenaissance in Frankfurt am Main, 17. Jahrhundert.

Gewaltigere Dimensionen tun sich mit den Gärten der Hoch- und Spätrenaissance auf. Nun werden weiträumige Areale architektonisch strukturiert und über Achsen mit der Villa verbunden. Einen Höhepunkt in der Gartenkunst der Renaissance stellt die Anlage der Villa d'Este dar, die im frühen 16. Jahrhundert begonnen wurde. Dieser Garten war ein einziger Triumph des architektonischen Gartenstils mit seinen großartigen Treppenläufen, Terrassen, Spalieren und Statuen. Er war zugleich ein Triumph der hydraulischen Ingenieurskunst: Da gab es die außergewöhnlichsten Effekte, von eindrucksvollen

Kaskaden über Springbrunnen, die donnerten und krachten, bis hin zu einer wundersamen Wasserorgel und Fontänen, die kunstvoll so eingerichtet waren, dass sie emblematische Figuren hervorbrachten. Des Weiteren gab es noch Alleen und Laubengänge, die den ehrfürchtigen Besucher durch eine Kette streng konturierter Außenräume leiteten, in denen nichts dem Zufall überlassen war. Die Pflanzen spielten in diesem beeindruckenden Szenario architektonischer und hydraulischer Effekte nur eine untergeordnete Rolle. Nach Art einer Armee in geradlinigen Reihen angeordnet oder flach gehalten in die Form ausgefeilter Muster gezwängt, gaben sie lediglich den Hintergrund für die spektakulären Demonstrationen der Ingenieurskünste und des technischen Zauberwerks ab.

Die Anlage der Villa d'Este, die so absolut bedingungslos die Herrschaft des Menschen über die Natur zum Ausdruck brachte, sollte der Verherrlichung der Familie Este dienen und den Ruhm ihres Besitzers Kardinal Ippolito d'Este erhöhen. Dies wurde erreicht, indem der Garten den Kardinal selbst wie auch die Familie Este in die Welt klassischer Mythen und Symbole eingebunden zeigte, denn der gesamte Garten war als Abbild des mythischen Gartens der Hesperiden gestaltet, aus dem Herkules die goldenen Äpfel gestohlen hatte. Und all die Skulpturen, die zumeist griechische oder römische Götter, Göttinnen und Helden verkörperten, mitsamt den Grotten und Wasserelementen sollten von den Besuchern als eine vielschichtige Allegorie erlebt werden.[61] So stand die berühmte Doppelterrasse mit den einhundert Brunnen allegorisch für Herkules' Säuberung der Ställe des Augias. Herkules selbst war der geistige Schutzherr dieses Gartens, der in sich selbst eine Herkulesaufgabe darstellte. Darüber hinaus huldigte der Garten auch dem griechischen Gott Hippolitus, der ein Sohn

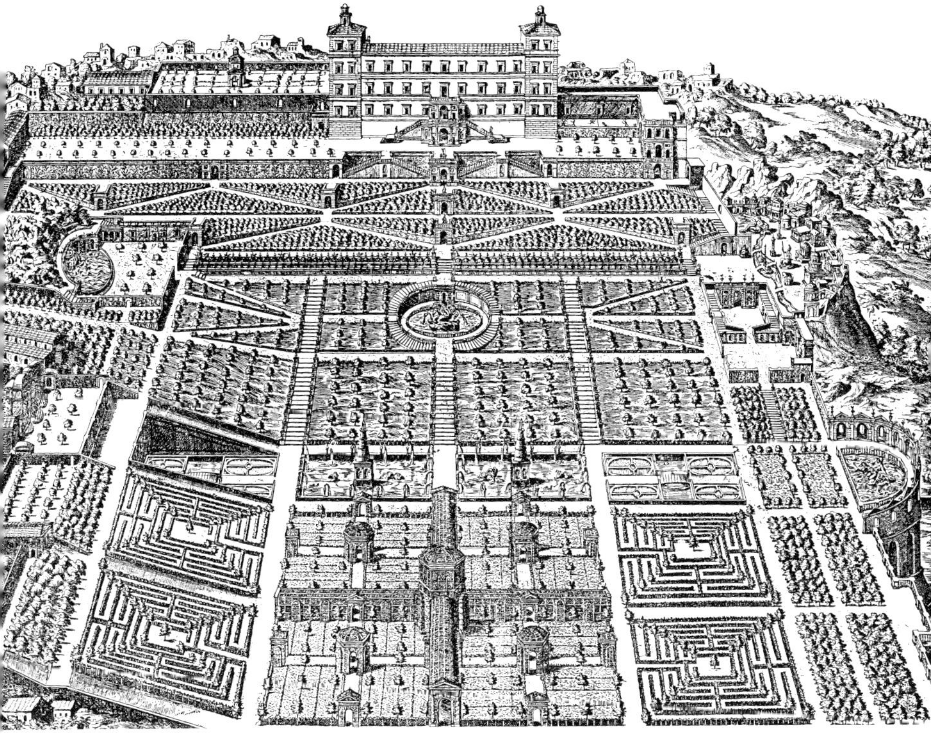

Abb. 3.4 Die Gärten der Villa d'Este, wie sie sich gegen Ende des 16. Jahrhunderts präsentierten.

des Theseus war und dem sich Ippolito d'Este als seinem Namensvetter besonders verbunden fühlte. Trotz des feingewobenen Hintergrunds klassischer Symbole fällt es schwer, den Garten nicht vorrangig – wie so oft in anderen Renaissance-Gärten von Kardinälen, Königen und Potentaten auch – als Objekt zur Erhöhung des Selbstwerts und Prestiges seines Besitzers zu empfinden, wenn dieser so in den Mittelpunkt der mythischen Welt gestellt wird.

Im Laufe des 17. Jahrhunderts wurde der italienische Gartenstil in ganz Europa aufgegriffen und erfreute sich großer Beliebtheit. Besondere Berühmtheit außerhalb Italiens erlangte die Schlossgartenanlage in Heidelberg, die für den Kurfürsten Friedrich V. von der Pfalz und seine Frau Elisabeth, Tochter des englischen Königs Jakob I., geschaffen wurde. Der sogenannte *Hortus Palatinus* galt seinerzeit als das achte Weltwunder mit seiner hoch komplizierten geometrischen Anlage, den mythologischen Statuen, von denen eine zu sprechen anhob, wenn ein Sonnenstrahl auf sie fiel, und einer Fülle mechanischer Wunderwerke wie einer Wasserorgel und in Grotten verborgenen musikalischen Brunnen, sodass sich ein Fluidum bizarrer Fantastik durch den Garten wob.[62] Doch lag alldem die tiefere Absicht zugrunde, in verschleierter Form gewisse esoterische Wahrheiten zum Ausdruck zu bringen, darunter auch Stationen des alchemistischen Wandlungsprozesses. So scheint an entscheidenden Punkten der Gesamtkonzeption etwas von jenem Garten durch, der in dem Einweihungsroman *Die Chymische Hochzeit des Christian Rosencreutz*[63] beschrieben ist. Der *Hortus Palatinus* wurde auf dem Höhepunkt der Rosenkreuzerbewegung erschaffen und führte der Welt ein neues Gartenkonzept vor Augen, bei dem der Garten zu einem Mysterienort wird, einmal als Sammelpunkt eines enzyklopädischen Symbolwissens und darüber hinaus als Schauplatz und Bühne für Mysteriendramen und Historienspiele.[64]

Trotz alledem war der *Hortus Palatinus* auch ein Widerspruch in sich. Denn wie bei der Villa d'Este wurde keinerlei Gedanke darauf verwendet, den Geist, der diesen Ort beseelt, zu erspüren und zu ehren oder die Natur behutsam an das Ideal des Paradiesgartens heranzuführen, so wie es im umfriedeten Garten des Mittelalters erstrebt worden war und der Weltanschauung der Rosenkreuzer zutiefst entsprochen hätte.[65] Sein Schöpfer, der gefeierte Physiker und Ingenieur Salomon de Caus, setzte mit der größten Selbstverständlich-

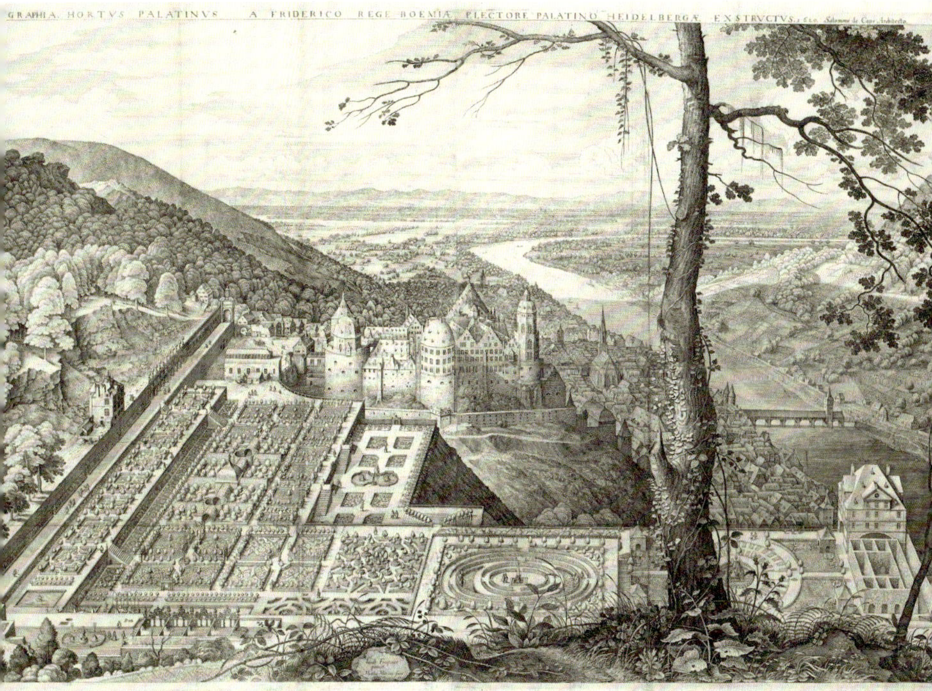

Abb. 3.5 Schloss und Schlossgarten in Heidelberg, 1620.

keit Schießpulver ein, um gewaltige Felspartien des Berghangs zu sprengen, das darunterliegende Tal aufzufüllen und so eine terrassierte Fläche von dem Ausmaß zu erstellen, das für die geometrischen Muster seines Entwurfs erforderlich war. Dem mystischen Anspruch entgegen wird der Natur in diesem Garten nirgendwo gehuldigt, sie hatte hier lediglich als Instrument und Untertan für die Ingenieurskünste und technischen Mittel ihres Gestalters zu dienen.

Aus dem England unter Karl I. gibt uns die Darstellung von Wilton House in der Grafschaft Wiltshire (Abb. 3.6) ein weiteres Beispiel für einen Gartenentwurf von Salomon de Caus.

Wie der *Hortus Palatinus* war auch dieser Garten ganz von geometrischen und emblematischen Motiven beherrscht, die gleichfalls im Hinblick auf seine Nutzung als Szenerie für Feste und Aufführungen von Maskenspielen ausgewählt waren. Für diese Anlage musste ein Areal von 1.220 Metern Länge und 122 Metern Breite eingeebnet werden, das in drei Abschnitte unterteilt wurde. Der erste Abschnitt war mit Buchs-Parterres sowie Brunnen und Statuen gestaltet, die Liebe und Keuschheit symbolisierten. Ein exakt bemessenes «wildes Dickicht», das beidseitig die Ufer des Flusses Nadder säumte und mit Bacchus- und Flora-Statuen bestückt war, lag in der Mitte. Der dritte Abschnitt bestand aus einem Netz von Promenaden, die konzentrisch um die Krieger-Statue des antiken Borghesischen Fechters angelegt und von Kirschbäumen gesäumt waren. Eine lang gestreckte Terrasse bildete den Abschluss des Gartens. Auf ihr fand sich eine Grotte, die mit den üblichen staunenswerten Wasserspielen mitsamt singenden Nachtigallen aus dem Repertoire der magischen Musikmaschinen ausgestattet war.

Auch in Wilton war die Anlage nicht vorherrschend zum Ruhm des Besitzers konzipiert. Vielmehr sollten, wie in Heidelberg, metaphysische und moralische Wahrheiten vorgestellt werden. Diese waren Ausgangspunkt und Inhalt der kunstvoll ausgestalteten Maskenspiele, für deren Aufführung der Garten die Bühne bildete. Das war in den Jahren von 1629 bis 1640, der Zeit des sogenannten «Königsfriedens», als Karl I. ohne Parlament regierte und der Hof sich als moralische Instanz verstand, die das Land von Lasterhaftigkeit befreien wollte. Der Landsitz von Wilton war in dieser Zeit entstanden und Karl I. fand sich allsommerlich dort ein. Er liebte diesen Ort, wo die für Anstand und Sitte sorgenden Tugenden durch die Bändigung der ungebärdigen Natur gestalterisch zum Ausdruck

Abb. 3.6 Die Gartenanlage von Wilton House, Wiltshire, 1645.

gebracht waren und die an Wendepunkten platzierten Statuen den Promenierenden darüber hinaus moralische Botschaften vermittelten.[66]

Die hier gezeigten Bilder von der Villa d'Este, dem *Hortus Palatinus* des Heidelberger Schlosses und Wilton House stellen die Gartenanlagen aus einer für die zeitgenössischen Stiche typischen Perspektive dar, nämlich immer von einem erhabenen, außerhalb liegenden Standpunkt aus betrachtet. Dies verstärkt in gewisser Weise unseren Eindruck, dass die Gartenanlage einer widerstrebenden Natur *von außen aufgezwängt* wurde. Obwohl es in Wilton keine Notwendigkeit für solch gewaltige technische Eingriffe gegeben hatte, wie sie bei der Erstellung der Villa d'Este und in Heidelberg unausweichlich gewesen waren, fügt die Anlage sich nicht in die umgebende Landschaft ein, fängt nichts von ihrem Geist auf. Ja, sogar der den Garten in der Mitte querende Fluss hebt sich kaum aus der perfekt inszenierten Symmetrie der Anlage heraus und hinterlässt so gut wie keine Spuren in dem Gesamtplan. Charakteristisch für den Stil der Renaissancegärten ist, dass sie, ganz so wie ein Gebäude, auf ebenem Grund angelegt werden mussten. Allein dieser Eingriff der Einebnung des Geländes mag uns hier mitteilen, dass die Natur den Stempel des menschlichen Willens aufgeprägt bekam, um die ihr innewohnende Sinnlichkeit durch die «tugendhaften» Formen des symmetrischen Entwurfs und die Überbauung mit künstlichen Vorrichtungen zu ersetzen.

Abgesehen von dem üblichen Aufgebot an Statuen, Grotten und extravaganten Wasserspielen beeindruckte der Garten in Wilton auch durch seine Buchs-Parterres und Knotengärten, die am unteren Rand des Stichs zu sehen sind. Das *Parterre* war in Italien aufgekommen, zu einer besonderen Kunstform wurde es aber erst im Frankreich des ausgehenden 16. Jahrhunderts entwickelt. «Par terre» bedeutet dem Wortsinn nach zunächst schlicht «auf dem Erdboden». Bezeichnet wird damit ein kompliziert verschlungenes, geometrisch gestaltetes Ornament, das vorzugsweise von einem erhabenen Standpunkt aus im Überblick zu betrachten ist. Die Haltung, die der Entwicklung des Parterres zugrundeliegt, ist exemplarisch für den Gartenstil der Renaissance und Neuzeit. Das wesentliche Merkmal ist, dass der Natur in ihren ursprünglichen Erscheinungsformen keine eigenständige Schönheit, keine innere Bedeutung zugestanden wird, und falls sich doch einmal eine solche Wahrnehmung in uns regen sollte, so ist sie für die Planung und Erschaffung des Parterres tunlichst zu ignorieren. Die Natur stellt lediglich das Material,

Abb. 3.7 Ein französisches Parterre aus dem 17. Jahrhundert.

das die Menschen umformen und zu Mustern fügen, die für den menschlichen Betrachter angenehm und sinnreich sind. Eine solche Haltung gründet sich auf die Vorstellung, dass das Reich der Werte und Bedeutungen allein dem menschlichen Bewusstsein eigen ist. Durch *uns* erhält die Welt ihre metaphysische Bedeutsamkeit und Schönheit; aus sich heraus ist sie bar jedweder metaphysischen Inhalte und ästhetischen Vorzüge. Man geht also von der Annahme aus, dass die Natur über das Rohmaterial hinaus nichts zum Garten beitragen kann und es dem Menschen zusteht, einen solchen Inhalt in seinen vernunftbegabten Entwurf einzufügen.

Parterres werden üblicherweise mit niedrig wachsenden Immergrünen wie Buchs oder aromatischen Kräutern bepflanzt und «in Form» geschnitten, um die Linienführung der Arabesken klarer herauszuheben. Wege und Zwischenräume sind mit Kies oder farbigem Sand ausgelegt.

Abbildung 3.7 zeigt uns ein französisches Beispiel aus dem 17. Jahrhundert. Ein solcher Ausdruck menschlichen Einfallsreichtums mag uns staunen machen und lässt uns doch verzweifeln darüber, dass die armen Pflanzen in eine Form und Gestalt gezwungen werden, die ihrem inneren Wesen und Charakter so ganz fremd ist. Die Natur erscheint uns hier gefoltert, zerteilt und entseelt, um daraufhin neu zusammengesetzt zu werden von Menschen mit einer Mentalität, die keinerlei Zugang zu dem lebendig webenden, beseelten, schöpferischen Element in der Natur mehr hat, das im Mittelalter als *Natura naturans* bezeichnet worden war.

Ihren beklemmend eindrucksvollen Höhepunkt erreichte die Durchsetzungskraft des Menschen gegenüber der Natur gegen Ende des 17. Jahrhunderts im Werk von Le Nôtre, der für den Finanzminister Ludwigs XIV., Nicholas Fouquet, die Gartenanlage in Vaux-le-Vicomte entworfen hatte und daraufhin vom König selbst engagiert wurde, um die Gärten von Versailles zu erschaffen. Ziel und Zweck dabei war, die Besucher der Gärten mit der Großartigkeit der Anlage zu beeindrucken. Ein paar Fakten mögen uns eine Vorstellung von den Dimensionen in Vaux vermitteln: 18.000 Arbeiter kamen zum Einsatz, drei Dörfer wurden für die Anlage zerstört und ein Fluss musste umgeleitet werden.[67]

Abbildung 3.8 gibt uns einen Eindruck von der Größe der Gärten. Nachdem das Gelände abgeräumt und eingeebnet war, wurden exquisite Parterres, Springbrunnenbecken, elegante Kanäle, Kaskaden und Promenaden angelegt, alles unter Beachtung der perspektivischen Gesetzmäßigkeiten. Descartes hatte diese Prinzipien in seiner naturphilosophischen Abhandlung über die Lichtbrechung, *La Dioptrique* (1637) theoretisch dargelegt, und sie waren in den Garten-

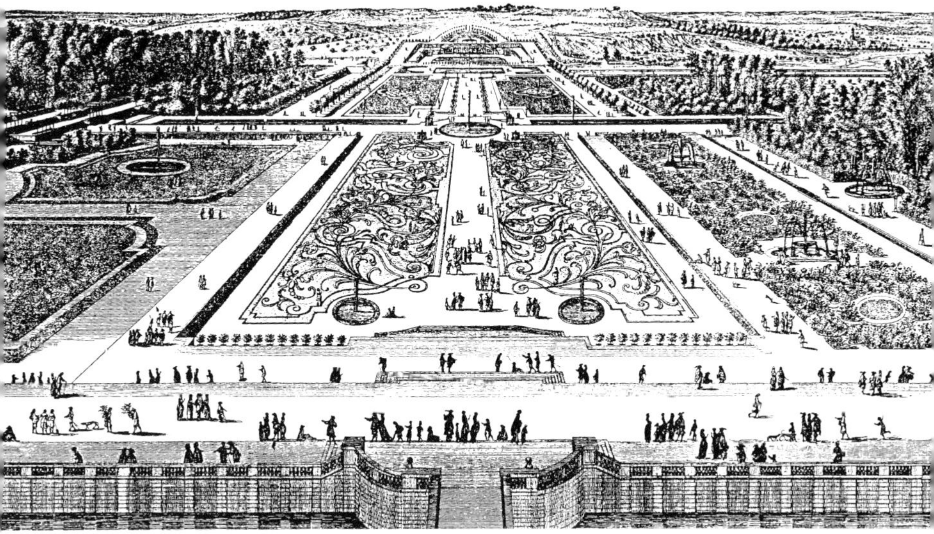

Abb. 3.8 Blick auf den Garten von Vaux-le-Vicomte von der Schlossterrasse aus.

handbüchern der Zeit unter dem Gesichtspunkt praktischer Anwendungsmöglichkeiten in der Gartengestaltung erörtert worden, besonders ausführlich in Jacques Boyceaus Abhandlung über die Gartenkunst, *Traité du Jardinage,* aus dem Jahr 1638.[68] Eine gewaltige Herkulesstatue war oben auf dem Hügel aufgestellt worden, der den Garten zur einen Seite hin rahmend abschloss und den Höhepunkt der Promenade entlang der Hauptachse des Gartens bildete. Ob es sich hierbei um eine bewusste Imitation der römischen Ehrerbietung für Herkules als Gott der Garten- und Landschaftsgestaltung handelte oder die Vorstellungskraft sich einer natürlichen Regung folgend zu dem Archetypus des mächtigen Helden hingezogen fühlte, ist aber ungewiss.

Etwas so unerhört Großartiges wie Vaux hatte noch niemand gesehen, was den eifersüchtigen König dazu veranlasste, den Minister seines Amts zu entheben und Le Nôtre selbst in seine Dienste zu nehmen, auf dass er in Versailles die Errungenschaften von Vaux in den Schatten stelle. Versailles war noch einmal eine ganz andere Dimension als Vaux: 36.000 Arbeiter und 6.000 Pferde waren jahrelang mit der Erstellung der Anlage beschäftigt.[69] Versailles war die größenwahnsinnige Glanzleistung menschlicher Herrschaft über die natürliche Welt, die sich nicht im Geringsten um das natürliche Potenzial des Geländes und seine Grenzen scherte und keinerlei Vorstellung davon hatte, wie ein Einklang zwischen Garten und Natur entstehen kann. Erklärte Absicht war es, die Landschaft mit streng geordneten, ausgedehnten Pflanzungen, breiten Promenaden, großen, kunstvoll ausgearbeiteten Parterres und unzähligen Springbrunnen und Wasserbecken einem mühevollen mathematischen Regelwerk zu unterwerfen.[70] Dabei musste der Ordnungswille monumental zum Ausdruck gebracht werden, denn nur so ließ sich ein Eindruck von Glanz und Glorie erzeugen. Allein durch Le Nôtres kunstfertigen Einsatz des Instrumentariums zur Beherrschung und Unterdrückung der Natur war es möglich, sie so umzuwandeln, dass der Garten in seiner Gesamtgestalt die scheinbar unbegrenzte Macht des Königs zum Ausdruck brachte. Damit war er seiner wahren Bestimmung zugeführt. Alles, von der Raumaufteilung und Anordnung bis zur Auswahl mythologisch bedeutsamer Statuen, diente in Versailles zur Verehrung der Rationalität des Sonnengottes Apollo und seines Stellvertreters auf Erden, des «Sonnenkönigs» Ludwig XIV. Tatsächlich ist der ganze Garten mit seinen tausenden Statuen und anderen Schmuckelementen zum Sonnenmotiv eine einzige Huldigung an die Sonne.[71] Der vorrangige Symbolwert lag jedoch in der sich kilometerweit in den Umkreis erstreckenden, gewaltsam reglementierenden Herrschaft über

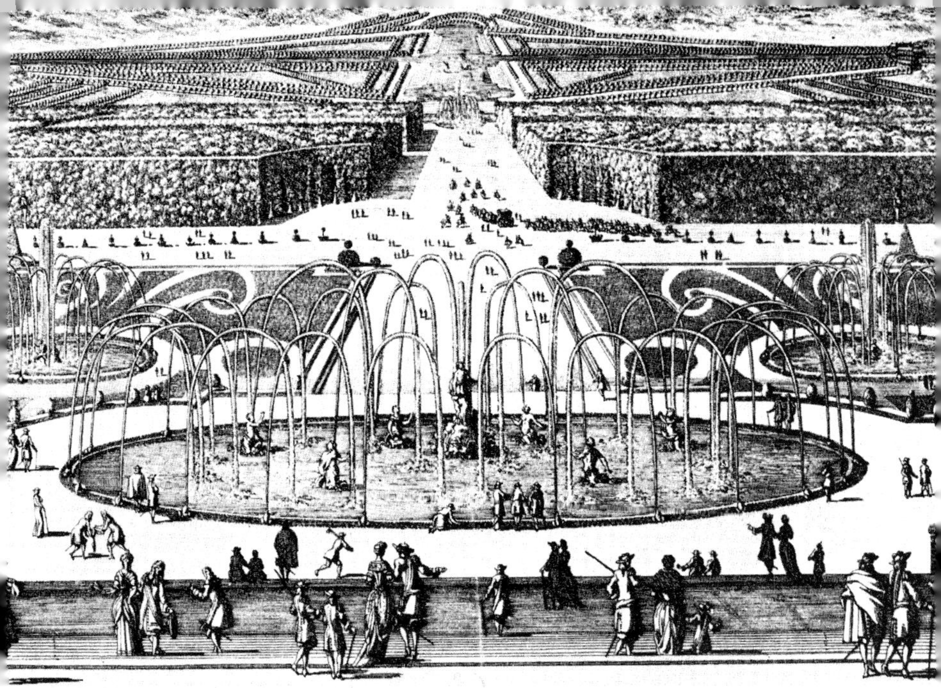

Abb. 3.9 Blick auf die Gärten von Versailles, hier westwärts entlang der Mittelachse von dem Apollos Mutter gewidmeten Latonabrunnen in Richtung des großen Kanals.

das Landschaftsbild. Der autokratische Machtanspruch des Königs war nicht auf seine Untertanen beschränkt, auch die Natur hatte sich seinem Befehl zu beugen (Abb. 3.9).

Was es nicht gab, war ein Ort, wo Schönheit sich ungeplant, unvorhersehbar, spontan aus dem, was sich geheimnisvoll «aus sich heraus» ergibt, entfalten konnte. Einen Garten anzulegen hieß in Le Nôtres Vorstellung, ihn so zu gestalten, dass die in Apollo und Herkules verkörperten Prinzipien geschliffener Intellektualität und roher Gewaltkraft dabei zum Ausdruck kommen sollten. Und verachtenswert war alles, was verborgen und geheimnisvoll ist und sich jeglicher Kontrolle entzieht – das urbildlich weibliche Element.

Bezeichnend ist, dass mit der Großartigkeit von Versailles

eine Größenordnung erreicht war, die den Einsatz der Armee erforderte. Somit gestaltete sich die Erstellung der Anlagen als militärische Operation gegen die Feindmacht Natur. Bei den Vorarbeiten für den großen Kanal wurden Soldaten der Schweizer Garde eingesetzt, um das Marschgelände für dieses zentrale Prunkstück von Hand auszuheben, und viele von ihnen erlagen dabei den giftigen Ausdünstungen des Marschbodens.[72] Nachdem man beschlossen hatte, eine Wasserzuleitung vom mehr als 90 Kilometer entfernten Fluss Eure zu schaffen, damit die unzähligen Brunnen in Versailles überhaupt betrieben werden konnten, wurden in den Jahren 1685 bis 1688 bis zu 37 Infanterie-Bataillone und 6 Dragoner-Schwadronen sowie gut 8.000 Arbeitskräfte aus der Zivilbevölkerung für dieses Vorhaben mobilisiert.[73] Verletzungen und Epidemien, hauptsächlich waren es Malariaseuchen, mit denen die Natur zur Gegenwehr ansetzte, sorgten dafür, dass sich die Zahl der Toten auf einem für Militäreinsätze üblichen Niveau bewegte. Im ersten Baujahr, 1685, waren alle zweitausend Betten des für diesen Einsatz eingerichteten Militärhospitals belegt, was einen zeitgenössischen Kommentator zu der Aussage bewog, dass sich dieses Projekt noch als «Ruin der Infanterie» erweisen werde.[74] Die drei Jahre währende Aktion für den Zuleitungsbau endete in einer entwürdigenden Niederlage für den König, denn das Vorhaben, das nach einer Schätzung etwa zehntausend Menschenleben gekostet hatte, musste aufgegeben werden.[75]

Versailles ist oft mit der Lehre des Cartesianismus in Verbindung gebracht worden, die sich im 17. Jahrhundert zur vorherrschenden Anschauung entwickelt hatte. Descartes hatte in seinen Schriften die Spaltung in Natur und Verstand im seelisch-geistigen Leben der Europäer aufgezeigt, woraus sich quasi notwendig ein Anspruch auf die Herrschaft des vernunftbestimmten Bewusstseins über die Natur ergab. Grundlage der wissenschaftlichen Methode Descartes' war die Ansicht, dass der Mensch über die Verbindung seines Denkens mit der Mathematik ein exaktes Wissen erlangen und sich damit wahrhaft zum «Herrn und Meister der Natur»[76] erheben konnte. Mit anderen Worten: das wissenschaftliche Denken war seinem Wesen nach technologisch und beschäftigte sich vorrangig damit, das Rüstzeug zu erlangen, die Natur nach seinem Willen zu formen. Daher bot sich dieser Denkansatz geradezu an für die ästhetische Gestaltung einer Gartenanlage, die den menschlichen Besitzanspruch demonstrieren wollte, indem die Natur zunächst zerteilt und zerlegt wurde, um daraufhin nach den Regeln des mathematischen Denkens rekonstruiert zu werden.

Und während sich der Geist des Cartesianismus in ganz Europa ausbreitete, wurden die Gärten nah und fern im Stil von Le Nôtre gestaltet. Doch im Gegensatz zu den Anlagen in Heidelberg und Wilton, wo der geometrische Stil mit einer «mystischen» Aussage verbunden war, verflüchtigte sich der Symbolgehalt nun und die Gestaltung diente einzig und allein dazu, den Herrschaftsanspruch des Menschen über die Natur zu zeigen. Im ausgehenden 17. und frühen 18. Jahrhundert wuchsen sich die Gärten zu gewaltiger Größe aus. Doch damit nicht genug, sollte der Herrschaftsanspruch des Menschen über die Gartengrenzen hinaus in einem Netz langer, schnurgerade in die freie Landschaft hinausführender Alleen geltend gemacht werden und sich in der Umwandlung der Naturlandschaft in ein Parkgelände manifestieren. Ein typisches Beispiel hierfür ist der Garten in Chatsworth in der Grafschaft Derbyshire (Abb. 3.10).

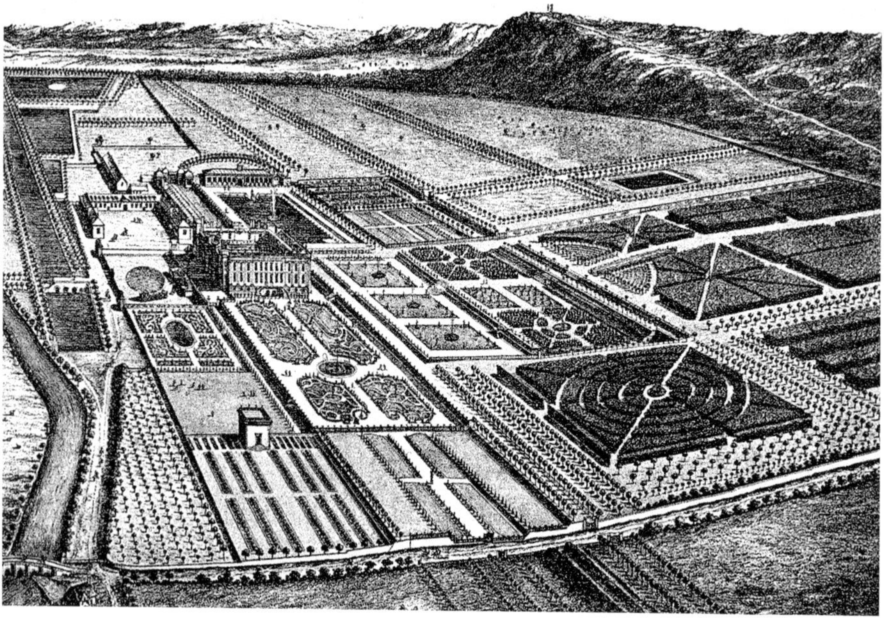

Abb. 3.10 Die Gartenanlage in Chatsworth, Derbyshire, 1707.

Wenn wir eine solche Gartenanlage betrachten, spüren wir unweigerlich eine Kälte, die alles bis in den letzten Winkel hinein durchdringt. Eine unfassbare Trostlosigkeit liegt darüber. Alles, was Freude, Überschwang und Spontaneität ausdrückt, ist mit diesem Triumphzug des menschlichen Verstands über die ungebärdige Natur ausgelöscht.

Der Landschaftsgarten

Im Verlauf des 17. Jahrhunderts, als die Bestrebungen, die Natur gezähmt ganz in den Machtbereich des Menschen zu bringen, mit großer Schwungkraft betrieben wurden, bildete sich still und weitgehend unbemerkt eine Gegenreaktion heraus. Sie trat zunächst unter Künstlern hervor, denen der herrschende Zeitgeist widerstrebte. Sie betrachteten die Natur mit anderen Augen und entdeckten die ihr innewohnende Schönheit neu. In den Gemälden von Nicolas Poussin, Gaspard Poussin, Claude Lorrain, Salvator Rosa und anderen wurde sie nun als ureigene Naturschönheit zum Ausdruck gebracht. Zu den ländlichen, idyllisch-arkadischen Szenerien, die diese Künstler darstellen, gehört oft ein Hain mit einem zerfallenen Tempel an einem nahegelegenen See oder Fluss – gleichsam ein wehmütig zurückgewandter Blick auf die verlorene klassische oder vorklassische Zeit, als die Natur noch Wohnstatt der Götter war.

Dies ist nun etwas gänzlich anderes als die Rückbesinnung auf die Antike durch die Wiederbelebung des formalen römischen Gartens in der Renaissance. Hier erscheint uns die Natur mit einer ihr eigenen Strahlkraft durchdrungen, und jedes Gemälde lässt vor unseren Augen den Geist des Orts erstehen, wenn auch in idealisierter Gestalt. Somit geben diese Künstler Zeugnis von genau dem, was die großartigen Gärten des sechzehnten und siebzehnten Jahrhunderts verleugneten.

Es sollte noch eine Weile dauern, doch dann, zu Beginn des 18. Jahrhunderts, stellte sich in England eine Reaktion auf den formalen Gartenstil ein. In der Zeitschrift *Spectator* schrieb Joseph Addison am 25. Juni 1712:

> «Anstatt die Natur zu ehren und zu achten, beliebt es unseren englischen Gärtnern, sich weitestgehend von ihr zu distanzieren ... Ein jeder Busch und Baum zeugt vom Einsatz der Scheren ... Ich für mein Teil wollte gewiss lieber einen Baum in seiner vollen Größe, Fülle und Vielfalt

Abb. 3.11 Landschaft von Claude Lorrain, 1675.

> der sich ausbreitenden Äste und Zweige betrachten, als ihn so zurechtgestutzt und in die Form einer mathematischen Figur geschoren und rasiert zu sehen ...»[77]

Die Reaktion gründete sich auf die Ansicht, dass die Natur nicht bloße Materie sei, die der formenden menschlichen Hand und Kunstfertigkeit bedürfe, sondern schon *Kunst in sich* und um ihrer selbst willen schätzenswert. Und so betrachtet, könne sie dem Künstler durchaus als lohnenswertes Objekt zur Übertragung auf die Leinwand dienen und sich ebenso dem Grundbesitzer, der seinen Garten an der Natur ausrichten wolle, als Modell anbieten. William Kent, der oft als Begründer des englischen Landschaftsgartens gewürdigt wird, hatte zehn Jahre in Rom gelebt und dort die Werke der Landschaftsmaler sowohl studiert als auch kopiert. Viele Mitglieder des englischen Adels werden auf ihrer Grand Tour, der Bildungsreise durch Europa, in Italien und insbesondere Rom ebenfalls dem reichen Spektrum der Landschaftsmalerei begegnet sein. Es ist kein Zufall, dass wir in der Landschaftsgartenbewegung auf Künstler treffen. Kent, der den englischen Landschaftsgarten zu Beginn des 18. Jahrhunderts eingeführt hatte, war ebenso Maler wie Humphry Repton, der ihn im ausgehenden 18. und frühen 19. Jahrhundert zur Blüte brachte. Künstler und Gärtner schmiedeten einen neuen Bund, und der breiten Masse wurde langsam bewusst, dass der Gärtner kein so ganz der Architektur verpflichteter Gestalter sein muss, sondern eher ein Künstler, der empfänglich ist für die Schönheit der Natur.[78]

Während der Garten im 16. und 17. Jahrhundert eigentlich eher Anhängsel der Architektur und sklavischer Untertan ihrer Gestaltungsprinzipien gewesen war, begann er sich nun freizukämpfen, und zwar sowohl von dem Joch, das die Natur mit ihrem architektonischen Imperativ gängelte, als auch vom Diktat des geometrischen Formalismus.

Der Garten behauptete sich nun als *eigenständiges Kunstwerk*. Wie ein zeitgenössischer Berichterstatter kommentierte, sei die Gartengestaltung nunmehr eine Kunst,

> «… die über der Landschaftsmalerei steht, gerade so, wie die Wirklichkeit einer Abbildung überlegen ist. … Die Aufgabe des Gärtners ist es nunmehr, … all die Vorzüge des Orts, mit dem er es zu tun hat, herauszuheben, seinem Mangel

abzuhelfen, Missstände zu beheben und seine Schönheit zu erhöhen».[79]

«All die Vorzüge des Orts herauszuheben» ... Zunehmend wurde die Gestaltung des Gartens nun als eine von der Architektur unabhängige Form der Kunst betrachtet, und entsprechend musste der Gärtner *den Ort,* an dem er wirkte, und nicht Haus oder Herrenhaus als Ansatz und Ausgangspunkt seinem Werk zugrunde legen. «Der Geist des Ortes ist zurate zu ziehen» – dazu hatte Alexander Pope 1731 aufgerufen, und diese bekannt-berühmte Aufforderung war alsbald in fast jeder Publikation zur Garten- und Landschaftsgestaltung des achtzehnten Jahrhunderts anzutreffen. Als Künstler musste der Gärtner *mit* der Natur arbeiten statt gegen sie an. Und die Kunst des Gärtners erwies sich nunmehr in seiner Fähigkeit, dem spezifischen «Genius» gerecht zu werden, seine «Schönheit zu erhöhen» und zugleich doch zu wahren.

Der Garten in Stourhead, Wiltshire, wurde in den 1740er Jahren von Sir Henry Hoare aus solchen Erwägungen und Gedankenspielen heraus geschaffen. Er gehört zu den ersten Landschaftsgärten diesen Stils und war bezeichnenderweise eigenständig, ganz ohne gestalterische Anbindung an die Gebäude konzipiert (Abb. 3.12).

Henry Hoares Absicht war es, eine Landschaft im Stil der Gemälde von Poussin zu erschaffen, doch nun als dreidimensionale Realität.[80] Dafür war das Gelände bewusst so angelegt, dass die Besucher auf den Wegen zu einer Reihe wunderschön komponierter Ausblicke geführt wurden. Ob dabei tatsächlich der Geist des Orts zurate gezogen worden war, scheint fraglich. In Stourhead war die Natur, laut Henry Hoares Eingeständnis, im Geiste einer solch idealisierten Vorstellung von «Arkadien»,

Abb. 3.12 Die Reaktion der Romantik: Stourhead in Wiltshire.

wie die Landschaftsmaler sie liebten, neu erschaffen worden. Doch zumindest handelte es sich hierbei um eine neue Art von Garten, die aus der Anschauung erwachsen war, dass der Mensch durch sein Eingreifen die dem Ort innewohnende Schönheit veredeln und bereichern soll, anstatt, wie bisher, das Naturgegebene als unbeseeltes Rohmaterial zu behandeln, dem sich ein fremdartiges Gepräge aufzwingen lässt.

Einige der Elemente im Park von Stourhead wurden nun als unerlässliche Grundausstattung für die Abrundung des Gesamteindrucks erachtet und sie waren alsbald bei weiteren Anwesen anzutreffen: so ein von Buchen- und Zypressenpflanzungen gesäumter See, verschiedene architektonische Blickfänge wie eine Brücke, ein Pantheon, eine Grotte und zumindest eine künstliche Ruine, weiterhin Gruppenpflanzungen imposanter Bäume und ein sanft hügelig geschwungenes Gelände. Somit wird der Natur bei diesem Gartenstil wieder ein gewisser Freiraum gewährt, doch sollten wir uns eingestehen, dass nicht die Natur diesen Weg gewiesen hat; federführend war vielmehr ein spezifischer Bildeindruck, der dem Naturempfinden im achtzehnten Jahrhundert entgegenkam.

Die Landschaftsgartenbewegung setzte in den ersten Jahren des 18. Jahrhunderts mit ein paar verstreuten Kommentaren ein, die sich gegen die exzessive Formalität des geometrischen Stils aussprachen. Sie gewann dann in den 1740er Jahren durch William Kent und einige seiner Kollegen an Gewicht und wurde zu einer wahren Welle, die unter Führung des schwungvoll energischen Lancelot «Capability» Brown bald unaufhaltsam das ganze Land überrollte. Zwischen 1751 und 1783, Browns Todesjahr, wurden die alten, formal ziselierten Gärten auf den Landsitzen aufgegeben und durch neu gestaltete Landschaftsparkanlagen ersetzt. Unverkennbar waren sie mit ihren sanft geschwungenen, grasbewachsenen Hügeln, in die ein großer See mit ruhig spiegelnder Oberfläche eingebettet lag. Baumgruppen aus vorzugsweise Ulmen, Eichen, Buchen, Eschen und Linden säumten an sorgfältig ausgewählten Standorten das Ufer. Doch diese sanften Hügel waren meist das Ergebnis massiver Erdbewegungen, und der See wurde durch Aufstauen eines Flusses oder Flutung von Marschland der Natur abgetrotzt. Einen Eindruck davon, wie es Brown gelungen war, den einstmals gebieterisch formalen Garten von Chatsworth (Abb. 3.10) in eine sanft konturierte Parklandschaft mit Rotwildbeständen umzuwandeln, vermittelt uns Abbildung 3.13.

Brown teilte die Vorliebe seiner Vorgänger für antike Ruinen nicht, seine Gärten waren eher von seinen eigenen als

Abb. 3.13 Chatsworth nach der Umgestaltung durch «Capability» Brown.

den arkadischen Visionen der Landschaftsmaler des siebzehnten Jahrhunderts geprägt. In seinen Parkanlagen findet sich keinerlei Hinweis auf ein weit zurückliegendes klassisches Zeitalter, vielmehr wird hier ein neuer Sinn für das, was natürliche Schönheit ausmacht, geweckt. Prekär ist dabei nur, dass es zwar Browns erklärtes Ziel war, die in dem Gelände schlummernden Reize und Möglichkeiten – seine «capabilities» – herauszuarbeiten, das Resultat jedoch in aller Regel ein unverkennbarer «Capability Brown»-Landschaftspark war. Ein typisches Beispiel ist der Park von Heveningham Hall in Suffolk, dessen Gestaltung Brown in den frühen 1780er Jahren übertragen worden war. In diesem Spätwerk des Meisters finden wir genau das versammelt, was seinen Stil ausmacht: das sanft geschwungene Gelände mit dem unregel-

Abb. 3.14 Heveningham Hall, wie es 1781 nach Browns Plänen gestaltet worden war.

mäßig gestalteten Ufer des künstlich angelegten Sees und den wiederkehrenden Baumgruppen (Abb. 3.14).

Bis zu seinem Lebensende hatte Brown das Terrain von etwa 140 Landsitzen gestaltet.[81] Ihm folgend nahmen unzählige Grundbesitzer eine Umgestaltung ihrer Anwesen vor, wobei sie sein Muster getreulich nachbildeten, jedoch Browns Sachverstand und Sensibilität vermissen ließen. Um 1800 war annähernd der gesamte Grundbesitz, ob groß oder klein, bis in den letzten Winkel Englands hinein nach der Brown'schen Erfolgsformel in einen Landschaftspark umgewandelt.[82]

Wenn wir nun die Entstehung des englischen Landschaftsgartens betrachten, dessen Gestalter so sehr von dem leidenschaftlichen Wunsch beseelt waren, das Artifizielle und die Arroganz des alten, formalen Stils zu überwinden, drängt sich eine Frage unvermeidlich auf. Die Landschaftsgartenbewegung war eine Befreiungsbewegung, die die Natur von der ein Jahrhundert währenden Fesselung und Misshandlung einer Tyrannei erlösen wollte. Die neuen, «naturfreundlichen» Landschaften konnten jedoch zumeist nur unter beträchtlichem Arbeits- und Kostenaufwand entstehen und mit Methoden, die radikal in das natürliche Gefüge eingriffen. Um den gewünschten Effekt zu erzielen, war es unerlässlich, Bäche und Flüsse aufzustauen, Seen mussten künstlich angelegt, das Gelände neu konturiert und unzählige Bäume gepflanzt werden. Und so ist denn auch die Ansicht geäußert worden, dass gar kein so großer Unterschied zwischen Le Nôtre und Capability Brown bestehe: denn beide arbeiteten mit ihrer jeweiligen Standardformel, die sie stereotyp auf ganz verschiedenartiges Gelände anwendeten und nur mittels massiver Erdbewegungen den jeweiligen Gegebenheiten aufzwingen konnten.[83] Damit drängte sich in den folgenden Jahrhunderten eine Frage immer vernehmbarer ins Bewusstsein der Gärtner: Wie ist es möglich, so zu gärtnern, dass wir unserem menschlichen Gestaltungswillen folgen und bestimmte Wirkungen erzielen, an denen uns gelegen ist, dabei zugleich aber der Natur ihr Recht zugestehen und die ihr eigene Schönheit wahren?

4. Der Gärtner als Künstler

Das 19. Jahrhundert

Wie wir gesehen haben, ging die Landschaftsgartenbewegung des 18. Jahrhunderts von dem Bewusstsein des distanzierten Betrachters aus, das sich in der Renaissance entwickelt hatte, doch schreckte sie davor zurück, die Natur quasi nur als Rohmaterial zur Realisierung eines menschengeschaffenen Entwurfs zu nutzen. Stattdessen wollte sie ein Gespür für die natureigene Schönheit erlangen und Wege suchen, sie durch das Eingreifen des Menschen zu steigern. Während sich der vormalige Gartenstil auf eine Anschauung gestützt hatte, die der Natur selbst weder Werte noch Bedeutung an sich zugestand, war die Landschaftsgartenbewegung aus einer ganz anderen Haltung hervorgegangen. Ihre Vertreter hatten durchaus einen Sinn für die der Natur innewohnenden Bedeutungen und Werte, und diese zu erfassen, zu achten und zu schätzen war Aufgabe des menschlichen Betrachters. Von dieser Grundhaltung ließ sich die Landschaftsbewegung in ihrem Empfinden leiten. Und darum ist sie, ungeachtet der durchaus nicht vollkommenen Umsetzung ihrer Ideen, von entscheidender Bedeutung für die Geschichte der Gartenkunst und darüber hinaus für die menschliche Bewusstseinsentwicklung, denn hier wird ein markanter Wendepunkt in unserer Gesamteinstellung gegenüber der Natur erreicht.

Doch erfassen wir mit unserer Aussage, dass die Natur im 18. Jahrhundert wieder zu Ansehen gelangte, noch nicht richtig, was sich da wirklich ereignete, denn die neuerliche Achtung ging mit einer neuen Wahrnehmung, einer tief innerlich empfundenen Vertrautheit mit der Natur einher. Wenn Landschaftsgärtner wie Capability Brown und später Humphry Repton zu erspüren suchten, wie sie ein gegebenes Gelände vorteilhaft gestalten könnten, so waren sie sich zweifellos bewusst, dass sie der Natur einen Dienst erwiesen, indem sie die alten formalen Anlagen aus der Welt schafften und den Garten durch die Neugestaltung wieder in Einklang mit der umgebenden Natur brachten. Was sie beflügelte und inspirierte, war das Bild einer idealisierten Naturschönheit. Dies zu erlangen und die dafür fehlenden Elemente einzufügen oder die gegebene, noch unvollkommene Natur zur Vollkommenheit zu führen, war das erklärte Ziel. Somit spürten diese Gärtner sehr genau, dass sie *mit* der Natur arbeiten mussten, um sie vollkommener zu machen. Gegen Ende des Jahrhunderts fassten die Dichter der Romantik in Worte, was sich aus den Tiefen des menschlichen Bewusstseins an die Oberfläche vorarbeiten wollte, denn da war noch etwas, was über ihre Wertschätzung und Verehrung der Natur hinausging: ein leises Ahnen, dass ein neues, *wechselseitiges* Verhältnis[84] zwischen Mensch und Natur zu finden sei, so wie von Coleridge angedeutet: «ein Bund zwischen der Natur in höherem Sinne und der Seele des Menschen.»[85]

Diese von den Landschaftsgärtnern und Coleridge erspürte neue Naturwelt entsprach jedoch nicht jedermanns Geschmack. Zwar war der Landschaftspark mit seiner Huldigung der Naturschönheit im 19. Jahrhundert das bevorzugte Modell bei den großen Landsitzen, doch der vormalige Drang zu einer Gartengestaltung, die dem Leitbild des Menschen als Herrscher über die Natur folgte, war damit noch lange nicht

Abb. 4.1 Garten im italienischen Stil in Eaton Hall, Cheshire, 1857.

überwunden. Im unmittelbaren Bereich der Baulichkeiten hatte sich der formale Stil bei den Landsitzen bald wieder etabliert. Die Anschauung, dass die Natur als Rohmaterial zu dienen habe, um menschlichem Schönheitsempfinden gemäß in Form und Gestalt gebracht zu werden, hatte sich zu tief in das Denken eingegraben und entsprach genau dem Zeitgeist der Industrialisierung in England. Es war das Naturverständnis der Wissenschaft und Industrie, somit überrascht es nicht, dass dieser Zeitgeschmack seinen Weg sichtbar in die Gärten fand. Überhaupt verlangte der Weltmachtglanz des British Empire, das sich diesbezüglich gerne am Vorbild des Römischen Kaiserreichs orientierte, nach entsprechend imposanten Gartenanlagen. Der Landschaftspark konnte dem Anspruch auf diesen herrschaftlichen Gestus nicht genügen, der architektonische Renaissancegarten aber sehr wohl. Und so wurden die dem italienischen Stil nachempfundenen Gärten bald zum Standard in öffentlichen Anlagen und bei den repräsentativen Wohnsitzen der Reichen.

Ein Beispiel für diesen an das Vorbild Italiens angelehnten Stil gibt uns Abbildung 4.1. Sie führt uns vor Augen, wie architektonische Elemente in Form von Terrassen, Treppenläufen und Balustraden wieder Einzug halten und Pagoden, Zierbecken und Brunnen, Urnen und Statuen zurückkehren. Desgleichen tauchen auch die verschlungenen Arabesken der Parterres erneut auf und runden im Zusammenwirken mit verschiedenfarbiger Kiesbedeckung den Gesamteindruck ab. Der Formschnitt ist ebenfalls wieder in Mode, und in den 1840er Jahren kommen dichte Blumenpflanzungen im Stil der Parterres auf, mit denen in flach gehaltenen Beeten kunstvolle Farbmuster kreiert wurden – eine Idee, die sich in großen Gärten und öffentlichen Parks alsbald großer Beliebtheit erfreute. Mit der Abschaffung der Glassteuer im Jahr 1845 konnten im Gewächshaus vielerlei Arten und Sorten von Pflanzen in beträchtlicher Menge gezogen werden. Zunächst führte dies zu einem bisher nicht dagewesenen Interesse an Blumen, die im Landschaftsgarten völlig vernachlässigt worden waren. Darüber hinaus wurde damit aber auch der Boden für die Vorstellung bereitet, dass sich Pflanzen gezielt als Farbträger in Blumenbildern einsetzen lassen. Daraus erwuchs alsbald die Idee für die «Teppichpflanzung», womit genaugenommen die Verwendung von zwergwüchsigen Blattpflanzen zur Pflanzung von Mustern bezeichnet wird. Sie wurde später zur «Motivpflanzung» weiterentwickelt, bei der außer Blattpflanzen auch Blütenpflanzen zur Schaffung bunter Muster eingesetzt wurden. In den städtischen Anlagen war die klassische Gestaltung des Stadtwappens, umrahmt von einem

Abb. 4.2 Die Blumenuhr von Edinburgh, 1910.

passenden Motto, der Favorit. Dieses Genre hat sich bis auf den heutigen Tag erhalten, eines der berühmtesten Beispiele ist die Edinburgher Blumenuhr, die seit 1903 alljährlich neu gepflanzt wird.

Um bei dieser Blumenuhr, wie bei unzähligen anderen Teppich- oder Motivpflanzungen, den gewünschten Effekt zu erreichen, muss mit äußerster Sorgfalt gearbeitet werden, von der Vorbereitung des Bodens bis zur Übertragung des Motivs vom Plan auf den Pflanzgrund und der Bepflanzung selbst mit hunderten, wenn nicht gar tausenden Pflanzen. Wie beim Parterre und beim Formschnitt auch, sind Teppich- und Motivpflanzungen als eigenständige Kunstformen innerhalb der selbst erstellten Vorschriften anzuerkennen, und die Sorgfalt und Liebe, die auf ihre Erstellung verwendet werden, verdienen Respekt. Dennoch ist die Einstellung zur Natur, die dieser Form des Gärtnerns zugrundeliegt, zu hinterfragen, weil die Pflanze damit auf ihren Farbwert im Rahmen eines größeren Bildentwurfs reduziert und im wahrsten Wortsinn zu einem Objekt gemacht wird: dem Stadtwappen, einer Uhr, einer Dampflokomotive oder was es sonst sei. Die worthafte Deutung eines solchen Blumenbilds lässt uns erahnen, dass es hauptsächlich darum geht, dem Menschen inmitten der Stadt so etwas wie einen Rückhalt zu vermitteln, denn das Pflanzenreich wird dabei seiner Herrschaft unterworfen und wie ein Sklave in den Dienst einer primitiveren Form der menschlichen Ästhetik gestellt. An solchen Praktiken lässt sich ablesen, wie tiefgehend die Entfremdung des Menschen von der natürlichen Lebenswelt tatsächlich ist. Die Natur wird ausschließlich als *Natura naturata* angesehen, der keinerlei inneres Leben, keinerlei Seelenqualität zugesprochen wird. Eine Pflanze ist eine Sache, ein Ding unter anderen Dingen, und ihre Eigenheit wird einzig und allein unter dem Gesichtspunkt ihres Nutzens für das aus Blumen gebildete Pflanzmuster anerkannt.

Und doch sollten wir uns als praktizierende Gärtner fragen, inwieweit wir nicht vielleicht selbst in genau eine solche Haltung verfallen. Auch wenn wir abschätzig auf eine städtische Motivpflanzung herabschauen, die das Extrem eines bestimmten Gartenstils verkörpert, dürfen wir durchaus einmal in uns hineinhorchen: Ist da nicht in jedem von uns, mehr oder weniger, etwas von dieser Neigung anzutreffen, Blütenpflanzen schlicht als Farbelement in unserer Gartengestaltung einzusetzen? Denn wir alle können uns nicht über diesen Schatten hinwegsetzen, dass wir die Natur eigentlich von außen betrachten, als ein Objekt, das «dort draußen» ist, statt zu ihrem inneren Wesen vorzudringen. Wie viele unter uns haben zumindest ansatzweise einmal versucht, sich eine

Vorstellung davon zu bilden, wie ein Garten beschaffen sein könnte, der unsere Beziehung zu der inneren Dimension der natürlichen Welt, der *Natura naturans* des Mittelalters, zum Ausdruck bringen würde?

Auf diese heiklen Fragen werden wir alsbald noch einmal zurückkommen, doch zunächst wollen wir wieder ins neunzehnte Jahrhundert zurückkehren und den Wunsch nach einem Kompromiss zwischen der ungezwungenen Quasiformlosigkeit des Landschaftsparks und der Formstrenge des italienischen Stils weiter verfolgen. Dies wurde mit dem sogenannten «gardenesque style» erreicht, der sich besonders für die großen Vorstadtgärten empfahl. Der Begriff «gardenesque» war im frühen 19. Jahrhundert von John Loudon geprägt worden und bezeichnete einen im Wesentlichen formalen Stil. Dabei waren aber innerhalb des von Ordnung und Kontrolle bestimmten Ganzen auch Bereiche mit unregelmäßig zwangloserer Bepflanzung und einem gewissen Grad an Gestaltungsfreiheit zugelassen, wie Abbildung 4.3 zeigt.

Im Zentrum der Aufmerksamkeit stand hier das Zur-Schau-Stellen erlesener Sträucher und Blütenpflanzen. Im Laufe des 19. Jahrhunderts waren immer mehr Pflanzen aus anderen Kontinenten nach Europa eingeführt und in den englischen Gärten begeistert begrüßt worden. Die ersten Gartenzeitschriften wurden herausgebracht. Den Beginn machte 1826 Loudons *The Gardener's Magazine*, dem bald andere folgten, und immer mehr Gartenbücher wandten sich an die aufblühende Mittelklasse, die über genügend Fläche und ausreichend Freizeit verfügte, um einen Ziergarten anzulegen. Die Entwicklung des mechanischen Rasenmähers in den 1830er Jahren erleichterte den Umgang mit dem Grundelement des Landschaftsgartens, den großen Rasenflächen, die damit den Weg in die Vorstadt-

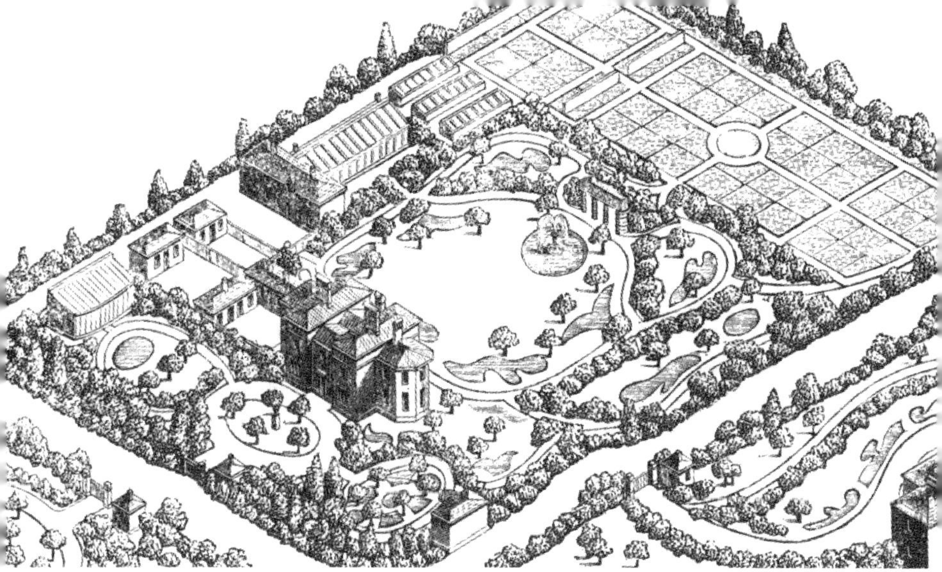

Abb. 4.3 John Loudons Entwurf für eine Vorstadt-Villa.

gärten antreten konnten, wenn auch in erheblich bescheidenerem Maßstab. Wie erwähnt, war 1845 die Steuer auf Glas abgeschafft worden, sodass Gewächshäuser erschwinglicher wurden und immer mehr Menschen selbst eine Vielfalt an Pflanzen ziehen konnten. Somit ging die impulsgebende Kraft für eine neuartige Gartengestaltung vom begüterten Landadel und den nachrückenden Industriemagnaten in die Hand der Mittelklasse über, und anstelle des Landsitzes rückte nun der kleine Garten zunehmend in den Mittelpunkt schöpferischer Gartengestaltung.

Nach Loudons Definition stand der «gardenesque style» für «die Schaffung eines Gesamtbildes, das ganz darauf abzielte, die individuelle Schönheit von Bäumen, Sträuchern und Pflanzen in ihrem Naturzustand zur Schau zu stellen».[86] Bei einer solchen Konzeption ist der kontrollierende Eingriff des Menschen allgegenwärtig, doch wird die Herrschaft in den Dienst einer Präsentation der Naturschönheit gestellt. Damit wagte das Ideal des «gardenesque style» einen Brückenschlag zwischen zwei gegenläufigen Bestrebungen: die Natur lenkend und leitend den Bedürfnissen einer menschlichen Ästhetik anzupassen und zugleich mit ihr zusammenzuwirken, sodass die ihr innewohnende Schönheit zur Geltung kommen konnte. Das Spannungsfeld forderte die Suche nach einem Ausgleich. Zunächst wie ein größerer wechselseitiger Austausch mit der Natur zu erlangen sei. Und weit darüber hinaus die Suche nach dem Sinn und Zweck des Gartens. Gegen Ende des 19. Jahrhunderts drängte sich ein Gedanke immer stärker in das Bewusstsein der Menschen: Ist der Garten zum Wohl der Natur erschaffen oder die Natur zum Wohl des Gartens? Im ausgehenden 19. Jahrhundert gab es schließlich zwei Antworten, die so verschieden waren wie die beiden einflussreichen Persönlichkeiten, deren Brillanz darin zum Ausdruck kommt: Gertrude Jekyll und William Robinson.

Gertrude Jekyll

Gertrude Jekyll hatte als junge Frau zu Beginn der 1860er Jahre ein Studium an der Kensington School of Art begonnen, um Malerin zu werden. Sie entstammte der gebildeten Mittelklasse – ihr Vater war Offizier im Ruhestand, ihre Mutter Musikerin – und war in der Londoner Welt der Literaten und bildenden Künstler zu Hause. Als ihre Sehkraft immer mehr nachließ, musste sie das Malen aufgeben und widmete sich fortan ihrer zweiten Leidenschaft: dem Gärtnern. Im Laufe ihres langen Lebens hat sie die Entwicklung eines neuen Gartenverständnisses maßgeblich beeinflusst, bis in die praktische Umsetzung hinein. Mit ihren Entwürfen und zahllosen Schriften bereitete sie einem neuen Gartenstil den Weg, der in unseren Gärten bis auf den heutigen Tag fortlebt.

Gertrude Jekylls Ausgangspunkt war von Anfang an der Blick des Malers. Doch fand sich da nirgendwo ein nur entfernter Anklang an die traditionelle Landschaftsmalerei des siebzehnten Jahrhunderts. Ihr Ziel war es auch nicht, ein bestimmtes Idealbild der Natur wiederzugeben. Vielmehr suchte sie, Farbe, Gestalt und Textur der Pflanzen zu einem bildhaft schönen Gesamteindruck zu komponieren. Somit beschäftigte sie sich auch nicht mit dem landschaftlichen Element, sondern damit, was sich in einem kleineren Garten umsetzen ließ und wie die charakteristische Gestalt einzelner ausgesuchter Pflanzen sich dort durch wohlüberlegte Wahl des Standorts zu einem harmonisch schönen Ganzen fügt. Ihr Gartenbild war von ganz anderer Art als das buchstäblich-wörtliche «Blumenbild»: feinsinnig erlesen und eher dem impressionistischen Stil der Zeit verwandt als dem der Landschaftsmaler des siebzehnten Jahrhunderts. Sie selbst beschrieb es so:

> «Wenn wir einen Garten anlegen, malen wir ein Bild – ein Bild im Format von ein paar -zig oder hundert Metern statt Zentimetern. Es wird mit lebenden Blumen gemalt und bei hellem Tageslicht unter offenem Himmel betrachtet – und dieses Bild richtig zu malen, sind wir der Schönheit der Blumen und dem Licht der Sonne schuldig; da sind die Farben wohlbedacht und mit Sorgfalt gewählt zu setzen, so wie ein Maler sie in seinem Bild setzt – und nicht als leblose Kleckse willkürlich verteilt.»[87]

Abb. 4.4 Der rote Abschnitt in Gertrude Jekylls Rabatte, um 1912.

Damit ein solcher Garten gelingen kann, muss der Gärtner über ein großes Wissen verfügen, er muss die Lebensbereiche der Pflanzen kennen, ihre Bodenansprüche, Wuchs und Gestalt. Alles muss wohlüberlegt sein, jede Pflanze mit Bedacht gewählt und für die ihr zukommende Wirkung im Bild der Jahreszeit entsprechend platziert. Da ist nichts dem Zufall überlassen, und wo es einen Effekt gibt, ist er bewusst evoziert.

Oben sehen wir den roten Abschnitt der Staudenrabatte von Munstead Wood, dem Wohnsitz Gertrude Jekylls, auf dem Höhepunkt seiner Pracht (Abb. 4.4). Bei der idealen Farbverteilung in einer Staudenrabatte wird Gertrude Jekyll

Abb. 4.5 Die blau-graue Blumenrabatte in Munstead Wood, Gemälde von Helen Allingham.

zufolge das Spektrum von den kühlen Farbtönen mit blauen, grauen, blass gelben und rosafarbenen Tönen an den Endpunkten über Purpur- und Violett-Abstufungen durchlaufen, um dann in der Mitte in Orange- und Rottönenzu kulminieren.[88] Eine Lieblingswendung von Gertrude Jekyll aufgreifend können wir sagen: Wenn wir ein solches «Gartenbild» betrachten, tauchen wir in eine ganz andere Welt ein, als wir sie in den formalen Parterres und «Blumenbildern» der städtischen Anlagen erleben.

Als Kennzeichen eines Jekyll-Gartens galt, dass er sich großartig für eine direkte Übertragung auf die Leinwand eignete. Und weil der Gärtner als Künstler «lebende Bilder mit lebenden Blumen» malte, würden sich Maler von diesen gewiss angezogen fühlen und ihren Eindruck mit dem Pinsel festhalten wollen.[89] Ein solches Gemälde zeigt uns Abbildung 4.5 mit der Oktoberansicht der blau-grauen Blumenrabatte von Munstead. Hier treffen wir auf die Umkehrung jener Beziehung zwischen Künstler und Gärtner, die für die Landschaftsgartenbewegung des 18. Jahrhunderts typisch gewesen war. Jetzt tritt zum ersten Mal ein Gärtner auf, der zuversichtlich darauf besteht, selbst vorrangig als Künstler anerkannt zu werden, und dessen Werk wiederum zu einem für den bildenden Künstler interessanten Bild-Sujet wird. Und dieser Gärtner ist eine Frau.

Gertrude Jekyll hatte einen ungewöhnlich feinen Sinn für die Natur und sie liebte die kleinste, still verhaltene Wildblume ganz ebenso wie die prachtvollen Gartenpflanzen. Im Garten aber waren die einzelnen Pflanzen Teil eines Gesamtbilds, das der Gärtner selbst ersinnen und erschaffen musste. Doch diente seine Komposition natürlich nicht einer naturfremden Aussage, wie in der traditionellen städtischen Anlage, vielmehr wurde der Ausgangspunkt im Charakter und Wesen der Pflanzen selbst gesucht. Das Wissen des Gärtners und sein feines Gespür für das Pflanzenreich ermöglichten ihm eine Orchestrierung der Pflanzen, bei der jede für sich in ihrer Einzigartigkeit einen Beitrag zum Gesamteindruck leistete. Indem der Gärtner auf diese Weise schöpferische Verantwortung für die Erschaffung eines «Gartenbilds» übernahm, wurde er für Gertrude Jekyll zum Künstler. Die Gärtnerpalette bestand aus all den verschiedenartigen Pflanzen, mit denen er oder sie «malte». Und so wurde jede Pflanze hauptsächlich für ihren Beitrag zur Hervorbringung des gewünschten Gesamteindrucks geschätzt.

Abb. 4.6 Der weiße Garten in Hidcote.

Ein weiteres Prinzip von Gertrude Jekylls Gartengestaltung führt uns der weiße Garten in Abbildung 4.6 vor Augen, der in diesem Fall nicht von ihr selbst komponiert war, sich aber eng an ihre Anschauungen anlehnt. Im weißen Garten erscheint die Natur zivilisiert und wird durch des Gärtners Schönheitssinn zu anmutig elegantem Erblühen gebracht. Bei diesem und ähnlichen Pflanzplänen schließt sich der Garten dem Haus an, und damit wird die Natur in die Welt der Menschen hineingetragen.[90] In gewisser Weise *humanisiert* Gertrude Jekyll die Natur. Alles ist sorgfältig durchdacht, um die Natur der menschlichen Kultur einzugliedern, sodass man kaum das Gefühl hat, aus dem Umfeld des Menschen herauszutreten. Für Gertrude Jekyll bilden Haus und Garten eine Einheit, und es ist bezeichnend, dass viele ihrer Entwürfe in Zusammenarbeit mit dem Architekten Edwin Lutyens entstanden. Dabei vertrat sie aber die Ansicht, dass Haus und Garten nicht als Fremdkörper aus der umgebenden Landschaft hervortreten sollten, und wo es sich um einen ländlichen Garten handelte, empfahl sie, mit einheimischen Bäumen und entsprechend ausgewählter Unterpflanzung einen Übergangsbereich vom Garten in die freie Landschaft zu schaffen.[91] Durch solch feinen menschlichen Eingriff werde sich der Garten nahtlos in die umgebende Landschaft einfügen.

Gertrude Jekylls Bestreben ging dahin, die Natur veredelt auf eine höhere Stufe zu führen, indem sie das Naturgegebene in den Bereich der menschengeschaffenen Kultur und Ästhetik einband. Dabei war sie sich wohl bewusst, dass dies nur zu erreichen war, indem der Mensch seine Wahrnehmung schult und eine hellwache Empfänglichkeit für die der Natur innewohnende Schönheit in sich ausbildet. Was Gertrude Jekylls Arbeit zukunftsweisend macht und den bleibenden Wert ihrer Schriften begründet, liegt in der Art und Weise, wie sie uns ermutigt, Pflanzen auf eine ganz frisch-neue Weise zu beobachten. Betrachten wir als Beispiel nur einmal ihre Beschreibung des schlichten Wald-Sauerklees (*Oxalis acetosella*):

> «Die weiße Blüte hat, wo sie dicht gedrängt steht, einen leicht violetten Hauch; wenn ich sie genau betrachte, sehe ich, dass dies von einer feinen, rot-violetten Aderung auf dem weißen Grund herrührt. Weiß scheint eine unbestimmt schwebende Bedeutung zu haben, wenn es um die Blütenfarbe geht; hier, bei dieser zierlich feinen Blume ist das Weiß nicht gleißend, sondern eher wie die lichteste Schattierung einer Perle. Der weich behaarte Stängel ist fleischfarben und wächsern durchsichtig und der feingeformte Kelch mit zart stumpf-grünen Tönungen gezeichnet, eingefasst mit einem durchschimmernden grünlichen

Ledergelb und von einem solcherart rötlichen Violett an seinem Grund und den Rändern der Kelchblätter, dass es die Äderung der Blütenblätter aufnimmt und zu spiegeln scheint. Ein jedes Blütenblatt hat einen Tupfer reines Gelb an der Basis im Blüteninnern, vor dem sich das Büschelchen mit den winzigen weißlichen Staubblättern gut abhebt.»[92]

Mit dieser Nachdrücklichkeit fordert Gertrude Jekyll uns auf, eine Pflanze *richtig anzuschauen*. Die Beschäftigung mit dem Garten weist uns mit solcher Übung den Weg, wie wir zu einem Wahrnehmungsinstrument mit beständig wachsender Sensibilität werden und uns befähigen, feinste Unterschiede in einer Pflanze aufzuspüren und zu schätzen.[93] Diese Befähigung war bei ihr selbst auch nicht auf den Sehsinn begrenzt, sondern schloss die Geruchs- und Lautwahrnehmung mit ein. Sie konnte verschiedene Rosensorten mit geschlossenen Augen allein an ihrem Duft erkennen, und das Blätterrauschen im Wind sagte ihr, bei welchem Baum sie sich befand, sodass sie Charakter und Kolorit der «Stimmen» von Birke, Eiche und Kastanie beschreiben konnte.[94]

Doch auch wenn Gertrude Jekyll uns auf den Weg zu einer Wiederbelebung unserer Beziehung zum Naturreich führt, war es letztendlich doch nicht ihre erklärte Absicht, die inneren Geheimnisse der Natur in Erscheinung zu bringen. Ihr Hauptaugenmerk lag darauf, «eine schöne Wirkung» zu erzielen.[95] In erster Linie ging es ihr darum, ein Umfeld zu erschaffen, in dem der Mensch zur Entspannung kommt und sich zugleich erhoben fühlt von der Strahlkraft einer im wahren Wortsinn hochkultivierten Umgebung. In Gertrude Jekylls Augen dient der Garten zum *Wohl des Menschen*, und alle Kunstfertigkeit des Gärtners ist darauf auszurichten, die Natur zu seinem

Wohl zu nutzen. 1899 hat sie ihre Philosophie folgendermaßen zusammengefasst:

> «Ich bin fest davon überzeugt, dass Sinn und Zweck eines Gartens darin liegen, Freude und innere Seelenruhe zu schenken, dies steht bei allen Erwägungen an erster und oberster Stelle. Und er soll uns dies durch eine Zusammenführung von Blattwerk und Blüten geben, die nach ihrer bestmöglichen, höchsten bildhaften Schönheit ersonnen wird.»[96]

William Robinson

Die andere für die Entwicklung der modernen Gartengestaltung überaus einflussreiche Persönlichkeit war William Robinson, ein Freund und Zeitgenosse Gertrude Jekylls. Im Unterschied zu seiner Kollegin entstammte er einfachen Verhältnissen. Er war gebürtiger Ire und arbeitete zunächst als Gärtnerbursche, später als Geselle auf einem großen Landsitz und wurde dann mit zwanzig Jahren Vorarbeiter in einem kleineren ländlichen Garten. Als 23-Jähriger verließ er Irland, um in England in den Gärten der Royal Botanic Society im Regents Park zu arbeiten, wo sein Talent alsbald entdeckt wurde. Er ist sein Leben lang viel gereist, sowohl im Britischen Inselreich als auch im Ausland, in Frankreich und Amerika. Wie Gertrude Jekyll war er produktiv schriftstellerisch tätig, doch im Gegensatz zu ihr besaß er ein hitziges Temperament und verfocht als Autodidakt seine eigenwilligen Ansichten mit Vehemenz.

Beide betrachteten das Gartenhandwerk als Kunst, und auch für Robinson ging es dabei um das «Erschaffen von Bildern».

Doch war sein Ansatz bei dieser Bildschöpfung ein ganz anderer als Gertrude Jekylls. Während sie mithilfe gärtnerischer Kunstfertigkeit und Sensibilität die Natur auf eine höhere Stufe der Ästhetik heben wollte, war für William Robinson die Natur selbst der Künstler, ihr gebührte der höchste Rang und ihr sollte der Gärtner als Assistent und Helfer dienen. Des Gärtners Aufgabe war es, der Natur (die Robinson stets achtungsvoll mit Großbuchstaben schrieb) helfend den Boden zu bereiten, sodass sie unbefangen frei ihr Selbst zu voller Schönheit entfalten konnte. Und um dies zu erreichen, musste man treuer Verbündeter der Natur sein, sich «ihrer Führung anvertrauen»[97] und wahrhaft ihr Statthalter sein. In seiner Funktion als Helfer sollte der Gärtner sich bemühen, all das zum Ausdruck zu bringen, was an Vollendung in ihr liegt. Mit seinen Worten:

> «Ziel ist es, nicht eher zu rasten und zu ruhen, als bis der Garten uns einen Spiegel der Natur in ihrer Sonntagsstimmung vor Augen führt.»[98]

Für Robinson war die Natur viel mehr als die Summe aller Pflanzen mitsamt Erdboden, Gestein und Tieren. Natur war eine Ganzheit in sich, ein wirkliches Wesen, die «Urmutter», die Homer besungen hatte und mit der jeder Gärtner ganz unmittelbar verbunden ist.[99] Dies erinnert an die mittelalterliche Achtung der Göttin Natura und an die Vorstellung, dass die Natur über ein inneres und ein äußeres Sein verfügt. Robinson war Praktiker, nicht Philosoph oder Mystiker, doch er hatte einen ganz unverbildeten Spürsinn für das Geheimnis des Lebens und eine Ehrerbietung gegenüber der Natur, die überall in seinem Umgang mit dem Garten zum Ausdruck kommen. Seine

Vorgehensweise ist wohl frei von mystischen Anklängen an den mittelalterlichen *hortus conclusus*, in dem die Pflanzen um ihres religiösen Symbolgehalts und ihrer moralischen Belehrung willen geschätzt wurden. Dennoch weisen seine Gedanken den Weg zu einem Gartenverständnis, bei dem der Garten zum Medium für die Wahrnehmung der Natur als Wesenheit wird.

William Robinson war Wegbereiter der Staudenrabatte und ist zu Recht als «Vater des englischen Blumengartens» bekannt. Der Unterschied zwischen seinem und Gertrude Jekylls Ansatz in der Gartenpraxis kommt wohl am klarsten in seinem Plädoyer für den Wildgarten zum Ausdruck. In den Ausführungen dazu fasst Robinson seine Ansicht über die Beziehung zwischen der Lebenswelt des Menschen und der Natur genauer. Beim Wildgarten handle es sich durchaus nicht um einen einfach sich selbst überlassenen Bereich. Er verlange vielmehr nach einem besonders feinfühligen und ehrerbietigen Eingreifen des Menschen, das ganz im Einklang mit dem besonderen Geist des Orts darauf auszurichten sei, die ihm innewohnende Schönheit herauszuheben. Um dies zu erreichen, sollten die von einem Gärtner eingesetzten Pflanzen durch Selbstaussaat oder Ausbreitung verwildern. Entsprechend einfühlsam ist die Auswahl der Pflanzen zu treffen, mit einem Gespür für den Geist des Orts, an dem der Garten entstehen soll. Bezüglich der Künstlerrolle des Gärtners schreibt William Robinson:

> «In einem solchen Garten sollte klar ersichtlich sein, dass der Künstler in der Gruppierung der Pflanzen das natürliche Verhältnis trifft, ohne irgendetwas von Wert dabei zu opfern.»[100]

Abb. 4.7 Ein Frühlings-Wildgarten im Geiste William Robinsons.

Eine Vorstellung davon, was Robinson hiermit anstrebte, gibt uns der oben gezeigte Garten (Abb. 4.7), wo sich der Beitrag des Gärtners darauf beschränkt, verhalten steuernd und regulierend zum Wohl der Pflanzen einzugreifen, ohne der Natur eine übermäßig ordnungsweisende menschliche Ästhetik überzustülpen.

William Robinson hat als erster Gärtner in neuerer Zeit Gedanken über eine *spirituelle Dimension* in der Gartenkunst geäußert, die über die ästhetische hinausführt. Diese Anschauung erwächst ganz selbstverständlich aus seinem Empfinden und Wahrnehmen der Natur als lebende, göttliche Wesenheit. In seinen Ansatz eingeschlossen ist die Annahme, dass die Natur als Ganzheit mit allem, was ihr zugehört, in jedem Garten wirkt und ist. So haben wir es bei unserer Gartentätigkeit nicht einfach mit bestimmten Einzelelementen wie Boden, Sträuchern, Stauden, Bäumen und so fort zu tun, aus denen der individuelle Garten zusammengestellt wird. Ganz unabhängig von ihrer mehr oder minder großen Vielfalt bilden nicht sie die Grundlage für das Zusammenspiel, das der Gärtner erspüren und zur Entfaltung bringen soll, sie sind eher die Instrumente. Grundlage ist die Beziehung zur Natur selbst, deren Schönheit mit der Feinfühligkeit unseres Schaffens angedeutet oder klar erstehen wird. William Robinson schreibt:

> «Ein Garten sollte ein lebendes Wesen sein: mit einem Leben, das sich nicht in schönen Formen und Farben erschöpft, dessen Atem und Essenz vielmehr aus dem Göttlichen kommen.»[101]

Wir treffen hier auf eine sehr konkrete Aussage, die, wenngleich noch tastend formuliert, einen Umgang mit dem Garten beschreibt, der an Vergangenes erinnern mag, tatsächlich aber in die Zukunft weist. In der Art und Weise, wie wir unseren Garten gestalten und halten, liegt mehr als eine Form der Kunst, wie Gertrude Jekyll sie fasste: mit schöner Form und feinem Farbenspiel; vielmehr birgt das, was wir im Garten tun, in sich *die Kunst, die Mittler für das göttlich Wesenhafte ist.*

Abb. 4.8 Der Wildgarten in Heaselands, Sussex.

Diese Abbildung (4.8) zeigt den Wildgarten in Heaselands, Sussex, der uns vielleicht die Vision erahnen lasst, die William Robinson vorschwebte. Was wir hier sehen und, wären wir dort, auch als Duft wahrnehmen könnten, sind in der Tat «Atem und Essenz, die aus dem Göttlichen kommen», und doch ist diese Schönheit nicht aus der Natur allein heraus, sondern durch schöpferisches Mitwirken des Menschen entstanden. Nur wenn der Mensch der Natur die Hand reicht, kann solch eine paradiesgleiche Lebenswelt entstehen. Was uns hier noch auffällt ist, dass der Garten grenzenlos frei ist, im ganz konventionellen Sinn der Gartenbegrenzung. William Robinson vertrat die Ansicht, dass es keinerlei Gründe gebe, das Wirkungsfeld des Gärtners auf die in üblicher Weise umgrenzten Gartenflächen zu beschränken, denn in seinen Augen ist die ganze Welt ein Garten.[102] Daher könne die Schönheit der Felder, Wiesen, Weiden und Wälder mit solch feinsinnig-feinfühliger, praktischer Teilhabe erhöht werden.

William Robinson hat seine Ansichten nie in einer systematischen Philosophie der Gartenkunst dargelegt, und seine Schriften beschränken sich zuallermeist auf das rein Praktische, auch wenn er seine festen Überzeugungen hier und dort eingeflochten verlauten lässt. Davon abgesehen konnte er seinen Grundsätzen in der Praxis aber durchaus einmal untreu werden: so haben die formalen Beete im Bereich des Gebäudes von Gravetyre Manor schon manch einen Besucher überrascht.

Sein alles entscheidender Beitrag besteht darin, die grundlegende Bedeutung erkannt zu haben, die der Einstellung des Gärtners zur Natur zukommt. Ihm ging es nicht darum, eine menschliche Ästhetik zur Schau zu stellen. Sinn und Zweck des gärtnerischen Wirkens lagen für ihn darin, den Glanz der Natur heller erstrahlen zu lassen, und in dieser Haltung liegt das Samenkorn für die Gartenkultur als spirituelle Kunst.

5. Gartenkultur als spirituelle Kunst

Claude Monet – ein Leitstern

Der Maler Claude Monet war ein Zeitgenosse von Gertrude Jekyll und William Robinson. Sein Leben lang hat er sowohl als Künstler wie als Gärtner gewirkt, Gärtnerzeitschriften und Garten-Fachliteratur abonniert, Saatgut von überall her aus der ganzen Welt bestellt.[103] Die Gartenanlage, die er auf dem gepachteten Gelände seines Wohnsitzes angelegt hat, ist auf einer Vielzahl seiner Bilder dargestellt. 1883 war er nach Giverny gezogen, und nachdem er sich dort häuslich eingerichtet hatte, wurde der Garten zum Hauptsujet seiner Malerei; zugleich verlangte er ihm auch ein Gutteil seiner schöpferischen Kraft in Form von Gartenarbeit ab. «Vielleicht verdanke ich es überhaupt den Blumen, Maler geworden zu sein.»[104], hatte er selbst einmal im Gespräch mit einem Journalisten geäußert. So scheint sich sein Lebensweg auf phänomenale Weise als ergänzendes Gegenstück an den Gertrude Jekylls anzuschließen, die von sich gesagt haben könnte, dass sie ihr Gärtnersein der Malkunst schulde. Beiden gelingt der Brückenschlag zwischen Garten- und Gemäldewelt. An der Schwelle zum 20. Jahrhundert verkörpern sie die moderne Ansicht, wonach der Gärtner Künstler ist – oder der Künstler Gärtner.

Ein Akt der Erleuchtung war Monets Erschaffung des Seerosenteichs, der eingefasst von Blumen, Bäumen und Blütensträuchern im unteren Bereich des Anwesens von Giverny liegt.

Als ich in den 1980er Jahren zum ersten Mal in diesen Garten kam, war ich unmittelbar tief beeindruckt von der intensiven Atmosphäre, die den ganzen Garten erfüllte. Die anderen Besucher, die in dieser Sommerzeit sehr zahlreich waren, verhielten sich still oder sprachen höchstens gedämpft miteinander. Es war ganz so, als befänden wir uns in einer Kathedrale, nur dass diese Kathedrale unter freiem Himmel ausgebreitet lag und nicht aus Stein und Glas, sondern aus Blumen und Wasser erschaffen war.

In Giverny habe ich gespürt, dass dieser Garten nicht einfach ein wunderschönes «Bild» im Sinne Gertrude Jekylls ist, ein Garten, das wir als außenstehender Beobachter mit Bewunderung betrachten. Gewiss, er ist beeindruckend schön. Doch da war noch etwas darüber hinaus, das still in meine Wahrnehmung trat. Der ganze Garten mit seiner Schönheitsfülle schien von einer zauberischen Atmosphäre umhüllt zu sein.

Was uns so gefangen nahm, war keine besondere Pflanzenkomposition, war kein Objekt – es war diese Aura, die den Garten in unserer Wahrnehmung zu einem *lebenden Wesen* werden ließ, das ganz um uns herum gebreitet war. Und mit dieser Wesenhaftigkeit in unserer Wahrnehmung wurden all die äußeren Erscheinungen – das Sonnenlicht auf dem Wasser, die Libellen, die runden Seerosenblätter und die den Teich säumende üppige Fülle von Blüten und Blattwerk – zu etwas, das auf eine andere Lebensstufe hinzuweisen schien: auf das geheimnisvolle, unsichtbare innere Leben der Natur, das hier so spürbar gegenwärtig war.

Abb. 5.1 Der Seerosenteich in Giverny.

Monet hat sich mit kaum einem Wort über seine Tätigkeit als Künstler oder gar Gärtner geäußert. Doch gab es eine ganze Reihe sprachgewandter Bewunderer unter seinen Zeitgenossen, die sehr wohl in Worte zu fassen verstanden, was sie als treibende Kraft in Monets künstlerischem Schaffen empfanden. Octave Mirbeau war einer davon. Seit den 1880er Jahren zählte er zu den überzeugtesten Anhängern Monets. Er sah in ihm einen weltlichen Mystiker, dem es gelang, «den Traum, der auf geheimnisvolle Weise in die Natur eingeschlossen ist», einzufangen.[105] Er spürte, dass Monet dem Betrachter einen Zugang zu den Gedanken, Stimmungen und Träumen der Natur verschaffte; dass es ihm auf diese Weise, indem er das innere Leben der Natur zum Ausdruck brachte, gelang, den reinen «Naturalismus» des objektivierenden Bewusstseins zu überwinden und dabei dennoch naturgetreu zu bleiben. Mirbeau schrieb:

> «Monet enthüllt das Unfassbare, das nicht Greifbare der Natur ... ihre Seele, ihr Denken in Geist und Verstand und ihres Herzens Puls.»[106]

Zwar bezieht sich diese Aussage Mirbeaus auf Monets Gemälde, doch kann sie ebenso gut auch für sein Gartenwerk gelten. Monet versuchte, immer tiefer in die Welt der Phänomene einzudringen und so die Schöpferkraft der Natur mit seiner eigenen Schöpferkraft zu durchdringen. Mit seinem Künstlerblick, dem Pinsel und auch dem Erschaffen seines Gartens wollte er zum Urquell der Schönheit vordringen. In einem Brief an einen Freund schrieb er einmal, was er als Künstler vor allem anderen suche, sei *l'enveloppe*, das Licht, das sich allüberall gleich verteilt».[107] So, wie Monet das Wort *enveloppe* hier benutzt, entspricht es in seiner Bedeutung der «Atmosphäre» oder «Lufthülle» im Englischen und Deutschen, dem, was die einzelne Erscheinung umhüllt oder umgibt und in «Licht» taucht. Wie die Atmosphäre eines Gartens lässt sich *l'enveloppe* nicht unmittelbar selbst wiedergeben, denn es handelt sich dabei um *den Zustand, in dem die Dinge in Erscheinung treten*. Es ist die nicht konkret darstellbare geistige Urform, die zugleich Grundlage und Mittler dafür ist, dass die Dinge sichtbar in Erscheinung treten.

Für Monet war der Garten ein Ort der kontemplativen Begegnung mit der Natur. Als Künstler und Gärtner war er darauf bedacht, seine Wahrnehmungserfahrung so weit zu verfeinern, dass er zu einem Bewusstsein dieser anderen Ebene der Natur vordringen konnte. Das können wir nur, wenn wir die objektivierende Wahrnehmung eines Gegenstands als etwas «außerhalb» von uns Liegenden überwinden zu einer Wahrnehmung davon, was als *Ursprung und Auslöser* am Anfang unseres Wahrnehmungsprozesses steht. Dabei befinden wir uns immer in einer Zwischenposition, sind nie ganz Betrachtender, nie ganz Betrachtetes. Mit welcher Hingabe Monet sich dieser Suche gewidmet hat, zeigen uns die vielen Bild-«Serien», in denen er immer wieder das gleiche Sujet aufsucht, sich mit seiner Leinwand an exakt derselben Stelle positioniert, um es unter den verschiedensten Lichtverhältnissen einzufangen. Die berühmten Bilder von der japanischen Brücke im unteren Bereich des Gartens von Giverny geben uns ein Beispiel für solch hingebungsvolle Suche nach einer Intensivierung des Wahrnehmungsvorgangs. Diese Brücke hat er mindestens fünfzehn Mal gemalt.

Der Garten, den Monet in Giverny erschaffen hat, war zugleich sein Atelier. Alles ist darauf ausgerichtet, genau das

Abb. 5.2 Eine der Studien Claude Monets von der japanischen Brücke, 1899.

hervorzubringen, was er in seinen Bildern einfangen wollte. Sinn und Zweck des Gartens lagen also darin, *l'enveloppe*, dieses Flüchtige zu erwecken, die «Atmosphäre» von etwas Durchscheinendem, einer Transparenz, die auch heute noch die Menschen unvermittelt innehalten lässt, wenn sie in Giverny durch den Garten gehen. Dieser Effekt ist so berührend, dass der Garten zu einer Art Heiligtum geworden ist; jedoch keine Kultstätte für Monet, sondern vielmehr für diesen numinösen, nicht fassbaren Quell überschäumender Schöpferkraft der Natur, gerade durch diesen so kraftvollen *genius locii.* In Giverny spüren wir, dass durch einen sehr intensiven Einsatz menschlicher Vorstellungs- und Arbeitskraft sich etwas enthüllt, was über den Menschen hinausgeht. So betrachtet hat der Kunst-Gärtner hier kaum ein «Gartenbild» im Sinne Gertrude Jekylls erschaffen, sondern etwas, das wir am ehesten als *Ikone* bezeichnen können.

Der Garten als Ikone

Der Begriff Ikone ist vielfältig definiert worden, doch allgemein gefasst können wir vielleicht sagen, dass Ikonen Bilder sind, die etwas sichtbar machen, was seinem Wesen nach unsichtbar und nicht gegenständlich ist. Michel Quenot legt dar, dass die Ikone

> «sichtbares Zeichen einer unsichtbaren Gegenwart ist: insofern überragt sie beide, den Maler wie den Betrachter, eben weil sie transzendenter Natur ist, die geheimnisvoll göttliche Gegenwart.»[108]

Bei der Ikone wird das Dargestellte in der Darstellung lebendig und ist nicht mehr nur Objekt, das wir betrachten; vielmehr wird es als lebende Gegenwart erfahren. Eine Ikone ist aus erkennbaren Elementen unserer sichtbaren Welt komponiert, doch sind diese so eingesetzt, dass sie zu Mittlern einer nicht sichtbaren Wirklichkeit werden. Demnach handelt es sich eher um eine Gegenwärtigkeit als schlicht und einfach ein Objekt, und wir treten anders in Beziehung dazu. Der Zugang ist wechselseitig und wir können nicht nur selbst, von unserer Seite aus, Kontakt zu dieser lebendigen Gegenwart aufnehmen, sie kann auch mit uns kommunizieren.

Die Ikone ist mehr als ein Objekt, weil sie ihren Platz auf der Schwelle zwischen den Welten hat, dort, wo Sichtbares und Unsichtbares einander berühren, wo das Erschaffene und das Erschaffende aufeinandertreffen, weshalb man sie auch «Fenster zum Himmel» nennt. Der Gartenhimmel ist jedoch nicht im Irgendwo angesiedelt. Wie wir in der alten Lehre bereits gesehen haben, hat die Natur zwei Aspekte: *Natura naturans* und *Natura naturata*. Mit dem Begriff *Natura naturans* werden die Schaffens- und Formkräfte bezeichnet, die hinter den sinnlich wahrnehmbaren Gestalten der sichtbaren Welt stehen, während die *Natura naturata* die sichtbaren Hervorbringungen der naturgegebenen Schöpferkräfte sind, die wir in Form der mineralischen, pflanzlichen und tierischen Welt um uns herum finden. Als *Natura naturans* wurde implizit die Gott entsprechende Geistwelt verstanden, und bei der Einführung dieses Begriffs zu Beginn des 13. Jahrhunderts war sie auch explizit damit gleichgesetzt worden.[109]

Die Unterscheidung zwischen *Natura naturans* und *Natura naturata* ist durch die Zeit der Renaissance bis ins 17. Jahrhundert so beibehalten worden und war in den Schriften Spinozas von zentraler Bedeutung.[110] Im 19. Jahrhundert wurde sie von den deutschen Philosophen des Idealismus und dessen englischen Vertretern wie Samuel Taylor Coleridge aufgegriffen. Coleridge hatte die Tragweite der Unterscheidung für den Künstler klar erkannt und das bloße Abbilden der Natur, also der *Natura naturata*, als «eitlen Wettstreit» und «Hohlheit» verworfen. Coleridge zufolge ist es Aufgabe des wahren Künstlers, «einen freien Zugang zum wirkenden Wesen, der *Natura naturans,* zu erlangen. Dafür muss ein Bund zwischen dem geistigen Wesen der Natur und der Seele des Menschen geschlossen werden».[111] Coleridge hatte erkannt, dass der Begriff der *Natura naturans* den Weg zu einem neuartigen, schöpferischen Umgang mit der Natur wies, der sich auf die Erfahrung eines Einvernehmens zwischen dem inneren Leben des Menschen und der Innerlichkeit der Natur gründet.[112]

Aus dieser Aussage Coleridges folgt, dass sich der Gärtner als Künstler nicht einfach mit Gestalt, Textur und Farbe einer Pflanze und den ästhetischen Wechselwirkungen beim Entwurf von Pflanzplänen begnügen sollte. Wissen und Fertigkeit im Umgang damit sind durchaus wichtig, doch ist es mit der Aneignung praktischer Kenntnisse und einem gewissen ästhetischen Feingefühl nicht getan. Der Gärtner muss etwas darüber Hinausgehendes entwickeln, und zwar die Fähigkeit, einen Standort im unmittelbaren Grenzbereich der wahrnehmbaren Welt für sich zu finden, dort, wo die Schaffenskräfte der Natur ihre äußerlich wahrnehmbare Gestalt annehmen. Dieser besondere «Ort» liegt im Innern der Phänomene und ist doch zugleich, wie Monet so wohl wusste, als *ganz diese umhüllend* zu verstehen. Denn in Wirklichkeit verhält es sich so, dass sie selbst eher *darin eingebettet liegen*, als dass er in ihrem Innern liegen würde. Es handelt sich um einen inneren Ort, dergestalt, dass die innere Identität einer Örtlichkeit mit all den verschiedenen Elementen, die einen Garten ausmachen und ihm seine individuelle Eigenheit und Ausstrahlung geben, darin eingesenkt ist. Man könnte auch sagen, dass hier, genau hier, in dieser Umarmung durch die *Natura naturans*, die «Seele» des Gartens geborgen liegt und die Aufgabe des Gärtners darin besteht, in einen lebendigen Bund und Austausch mit ihr einzutreten, sodass sie ihm in all seinen Entscheidungen die Richtung weist.

Jeder von uns hat schon Gärten gesehen, die auffallend schön bepflanzt und gepflegt sind und zu jeder Jahreszeit einen beeindruckenden Anblick bieten, doch dabei seltsam seelenlos wirken. Irgendwie fehlt ein innerer Zusammenschluss der einzelnen Gartenelemente, etwas, das ihn zu einem in sich stimmigen Ganzen macht, und er hat keine eigene Ausstrahlung, es fehlt ein ihm eigenes Kraftfeld. Das liegt dann daran, dass sich der Gärtner ganz auf die *Natura naturata* konzentriert und die nicht greifbare Qualität des Atmosphärischen, die ebenso in seine Obhut gegeben ist, unbeachtet bleibt. Der Schlüssel zu einem «atmosphärischen» Wirken liegt für den Gärtner in der Bereitschaft, bei allem, was architektonische und kreative Gestaltung angeht, jeglichen Anspruch auf Alleinherrschaft aufzugeben. Stattdessen bemühen wir uns darum, Mitgestalter in einem größeren kreativen Schaffensprozess zu werden. Dabei werden wir uns kaum als alleinverantwortlicher Erschaffer des Gartens verstehen, dem es obliegt, die verschiedenen Elemente zusammenzuführen; vielmehr werden wir in Erfahrung zu bringen suchen, *wie der Garten sich selbst erschafft,* nämlich über unser Gärtnerbewusstsein, das erspürt, wofür es eine innere Notwendigkeit gibt. Voraussetzung dafür ist, dass der Gärtner sich mit seiner Vorstellungskraft in den Geist – und die Geister – des Ortes einfühlt, die mithilfe des Gärtners größere Lebenskraft und «Gegenwart» erlangen wollen. Und so bildet sich der Garten als Kunstwerk aus einem Zwiegespräch des Gärtners mit dem Geist – oder der «Seele», wie wir vielleicht auch sagen könnten – des Gartens heraus, der danach strebt, immer vollkommener zum Ausdruck zu kommen.

Abb. 5.3 William Blake begegnet dem Geistwesen Ololon.

Der Dichter William Blake verstand sich vortrefflich auf die Verlagerung der inneren Haltung, die hier verlangt wird. In seinem prophetischen Gedicht *Milton* beschreibt er, wie die Muse der wahren Poesie ihm in seiner visionären Vorstellung als junges, geflügeltes weibliches Wesen mit dem Namen Ololon im Garten seines kleinen Landhauses in Felpham erscheint. Blake spricht sie mit diesen Worten an:

> «Welche Botschaft hast du für deinen Freund?
> Was soll nun geschehen?
> ... Schau, ich bin hier
> und bereit, deiner Weisung zu folgen.»[113]

Blake hat diese Begegnung bildlich dargestellt (Abb. 5.3). Sie lehrt uns, wie wichtig es ist, dass der Künstler, in diesem Fall William Blake, seine Schöpferkraft in den Dienst einer über sein Ego hinausgehenden Wesenheit stellt und sich damit aus seiner Ichbezogenheit löst. Daraus entwickelt sich ein fruchtbringender Austausch zwischen dem Künstler und dem, was jenseits der Schwelle zur unsichtbaren Welt seiner harrt und einen Weg sucht, in Erscheinung zu treten. So, wie Blake sich in den Dienst der Muse stellt, kann ein Gärtner seine Dienste dem Geist seines Gartens darbieten und mit Blake «Was soll nun geschehen?» fragen oder «Was will hier getan werden?» Das ist das Gegenstück zur Arbeit nach einem vorgegebenen Plan. Es gleicht mehr dem Bestreben, in einem lebendigen, dynamischen Prozess mitzuwirken, bei dem der Gärtner den Garten nicht nach seinem *Gärtner*-Schöpferwillen formt, sondern den Geist des Orts in *dessen eigene Lebensgestalt* zu führen sucht.[114]

Für einen solchen Ansatz müssen wir uns die dem Garten innewohnende Schöpferkraft, seinen Schaffenswunsch, zu Bewusstsein bringen. Gelingen kann dies nur, wenn wir bereit sind, der Natur ehrerbietig zu dienen und all unser Wollen darauf richten, dass unsere Vorstellung und Schöpferkraft sich öffnen für den «Traum, den die Natur geheimnisvoll in sich birgt», so, wie er in unserem begrenzten Gartenraum lebt.[115] Mit solchem Vorgehen bereiten wir den Boden, auf dem der Garten als Ikone erstehen kann – ein lebendes Bild, wie William Robinson es benannt hat, «mit einem Leben, das sich nicht in schönen Formen und Farben erschöpft, dessen Atem und Essenz vielmehr aus dem Göttlichen kommen».[116]

Abbildung 5.4 mag uns einen Eindruck von solcher Empfindung vermitteln, auch wenn eine Fotografie niemals angemessen die Wahrnehmung *im Garten selbst* wiedergeben kann. In diesem Garten im Norden von Oxford, in dem ich lange Jahre gearbeitet habe, konnte man eine geistige Gegenwart – oder Gegenwarten – spüren, ganz so, als wären die Naturgeister und Engel zugegen, denn dort gab es Momente, in denen

Abb. 5.4 Ein Garten im Norden von Oxford.

der Vorhang zwischen *Natura naturans* und *Natura naturata* durchlässig schien.

Zu Beginn meiner Darstellung habe ich darauf hingedeutet, dass der Garten uns aus der Zukunft ruft, wo er als Urbild lebt, das auf seine Erstehung wartet. Diesem Ruf zu folgen mag uns immer schwieriger erscheinen, zumal unsere wache Wahrnehmung und Empfindsamkeit für das innere Leben zunehmend abgestumpft wird durch die Bannkraft steriler Technologien, die uns immer weiter von einer direkten Beziehung zur lebendigen Naturwelt abziehen wollen. Doch wenn wir auch noch so sehr abgelenkt, umnebelt und verführt werden, wird der Ruf des Gartens nicht gleich verstummen, denn er weist uns den Weg zu einem notwendigen Korrektiv und Ausgleich für ein Bewusstsein, das uns immer weiter von der Realität wegführen will. Und so mag uns eine innere Stimme bedeuten, dem

Ruf nicht nur um der Natur, sondern auch um unserer selbst willen zu folgen, denn wahrhaft Mensch können wir nur sein, wenn wir in dieser Welt stehen und die Gegenwart eines heilig Geistigen erfahren.

Die Herausforderung unserer ganz weltlich orientierten Zeit liegt also darin, als Gärtner in unserem Garten einen Weg zu finden, das Spirituelle in unser Tun hineinzunehmen. Gertrude Jekyll, William Robinson und Claude Monet haben auf je eigene Weise neue Formen einer kreativen Begegnung und Beschäftigung mit der Natur erschlossen, die uns über die Hingabe an das Schöne dazu führt, das Spirituelle wieder in unsere Welt hineinzubringen. Eine Rückwendung und Wiederbelebung der Vergangenheit ist uns versperrt, doch gibt es tragfähige Wege, die in die Zukunft führen. Verglichen mit dem Altertum, als die Götter im Naturgeschehen unmittelbar erfahrbar waren und eine Nichtachtung sich mit Gefahr für Leib und Leben verband, stehen wir heute ganz anders da. Für die meisten Menschen ist die Naturerfahrung jetzt gänzlich frei von aller Götter- und Geistwahrnehmung. Wenn wir nun bewusst wieder die Anbindung an diese unsichtbare Sphäre suchen, müssen wir feinsinnig werden und unser Sensorium dafür empfänglich machen. Dies können wir erreichen, wenn wir uns gezielt darum bemühen, unsere Wahrnehmung auf das Geistige auszurichten, von dem die Sinneswelt um uns herum durchdrungen ist, und uns zugleich durch das, was wir im Garten tun, schöpferisch mit der verborgenen inneren Dimension der Natur verbinden. In dieser Weise bereiten wir den Weg, auf dem das Geistige wieder in unsere Welt eintreten kann, und wir werden dabei erleben, wie sich uns mit dem, was wir im Garten tun, ein Fenster in die geistige Welt öffnet. Unsere Gärten mögen auf diese Weise etwas vom Wesen der Ikone in sich aufnehmen und Mittler werden für das unbestimmt Geheimnisvolle der Natur. Wenn wir auf diesem Weg voranschreiten, wird die Kunst, die wir als Gärtner ausüben, nach und nach zu einer spirituellen Kunst heranreifen.

Anmerkungen

Zitatstellen wurden, sofern nicht anders vermerkt, nach den vom Autor benutzten englischen Ausgaben übersetzt. Vorliegende deutschsprachige Ausgaben der entsprechenden Werke werden zur Information ergänzend angeführt.

1 Alan Chadwick, *Performance in the Garden*, Mars Hill, North Carolina 2007, S. 30.

2 Richard H. Wilkinson, *The Complete Temples of Ancient Egypt*, London 2000, S. 72.

3 *Gilgamesch-Epos*, Tafel IX.47ff. Hier nach dem englischen Text in N. K. Sandars, *The Epic of Gilgamesh* , Harmondsworth 1973, S. 100, ins Deutsche übersetzt. Die meisten der Tafeln stammen aus dem ersten Jahrtausend, doch gehen einige der Fragmente auf eine weit frühere Epoche zurück.

4 Zu einer Erörterung der altägyptischen Vorstellung vom «Ersten Mal» siehe: Jeremy Naydler, *Temple of the Cosmos: The Ancient Egyptian Experience of the Sacred*, Rochester, Vermont 1996, S. 91–97.

5 Die Abmessungen von Teich oder Becken scheinen immer auf spezifische Seitenverhältnisse bei der Rechteckabmessung zurückzugehen: bei Abb. 1.2 handelt es sich um ein Rechteck mit Seitenverhältnissen im Goldenen Schnitt; bei Abb. 1.4 haben wir ein $1{:}\sqrt{3}$ Seitenverhältnis, bei Abb. 1.5 ein doppeltes Quadrat, also $1{:}\sqrt{4}$, und bei Abb. 1.6 wiederum ein Seitenverhältnis von $1{:}\sqrt{3}$. Da es sich bei diesen Seitenverhältnissen kaum um zufällige Ergebnisse handeln kann, liegt es nahe, von einer symbolischen Bedeutungsgrundlage bei diesen Abmessungsverhältnissen auszugehen.

6 Die Wiedergeburtssymbolik der Lotosblume ist in Kapitel 81 und Kapitel 174 des *Ägyptischen Totenbuchs* beschrieben, das auf die Darstellung in den sehr viel älteren *Pyramidentexten* zurückgeht, siehe dort § 266.

7 Zitiert nach: Julia S. Berrall, *The Garden: An Illustrated History*, Harmondsworth 1978, S. 16.

8 Homer, *Ilias,* XX. Gesang, 7–9, zitiert nach der Übertragung von Hans Rupé, Zürich 1994, S. 681. Vgl. auch *Odyssee*, X. Gesang, 350, wo von den Nymphen gesagt wird, dass sie «alle zumal aus Quellen und Hainen entsprossen und aus heiligen Strömen, die sich zum Meere ergießen» (Übersetzung von Roland Hampe, Stuttgart 1979).

9 Homer, Hymne an Pan, 19.1–3 und 19–20, hier nach Martin L. West (Hrsg.), *Homeric Hymns, Homeric Apocrypha, Lives of Homer.* Loeb Classical Library, Harvard University Press, London 2003. S. 198–201.

10 Homer, Hymne an Aphrodite, 5.265 ff., hier nach Martin L. West, a.a.O., S. 178–181.

11 Siehe Martin Buber, *Ich und Du* (1923), Lambert Schneider, Gerlingen [12]1994, S. 31, 47 f., 80.

12 William Lake Douglas, «A Garden Progress», in: William Lake Douglas et al., *Garden Design*, London 1984, S. 19.

13 J. Donald Hughes, *Ecology in Ancient Civilizations*, Albuquerque 1975, S. 50: «Wahrscheinlich suchten die Griechen zur Andacht ursprünglich Haine auf und errichteten erst später ihre Tempel dort; auf jeden Fall ist die Verbindung von Tempel und Hain so tief verwurzelt, dass ein Tempel immer in einem Hain erbaut wurde.»

14 Gothein, Marie Luise Schroeter, *Geschichte der Gartenkunst*, Akademie des Bauwesens, E. Diederichs, Berlin 1914; englisch: Gothein, Marie Luise Schroeter, *A History of Garden Art*, 2 Bände, J. M. Dent and Sons, London 1928, hier Bd. 1, S. 54–56.

15 Ronald King, *The Quest for Paradise: A History of the World's Gardens*, Weybridge 1979, S. 28.

16 Nach Marie Luise Schroeter Gotheins Ausführungen stand im Garten von Aristoteles' Nachfolger Theophrast nicht nur ein Musentempel, sondern auch ein Seminargebäude, und in seinem Testament finden sich Anweisungen zur Errichtung eines zweiten Seminargebäudes im Garten, vgl. engl. Ausgabe Gothein, a.a.O., Bd. 1, S. 71.

17 Gothein, a.a.O., engl. Ausgabe, Bd. 1, S. 85f.

18 Marcus Tullius Cicero, *De natura deorum. Über das Wesen der*

Götter, 3.23–28, hier nach der englischen Übersetzung von Horace C. P. McGregor, Harmondsworth 1972, S. 202f ins Deutsche übertragen. (Es gibt verschiedene Übersetzungen ins Deutsche, z. B. von Ursula Blank-Sangmeister, zweisprachige Ausgabe, Reclam, Stuttgart 1995.) Ciceros Abhandlung war als Dialog verfasst, wobei in der Argumentation eine Beteiligung der Götter im Naturgeschehen überwiegend bestritten wird. Epikur hatte als erster Philosoph zu Beginn des 3. Jahrhunderts vor Christus eine Abhandlung konkret über das Wesen der Götter verfasst. Diese Art der Debatte wurde in der Folgezeit von vielen Philosophen aufgegriffen, unter anderem von seinem direkten Nachfolger Philodemos von Gadara und dem Stoiker Chrysippos von Soloi, die beide im 3. Jahrhundert vor Christus lebten, sodass eine rational wissenschaftliche Diskussion der Götterfrage zu Lebzeiten Ciceros bereits etabliert war. Dieser Profanisierungsprozess kommt im 5. Jahrhundert unserer Zeitrechnung in Proklos' Werk *Elemente der Theologie* zu einem Abschluss, wo die Götter auf den Status einer Abstraktion innerhalb eines metaphysischen Systems reduziert sind.

19 R. M. Ogilvie, *The Romans and their Gods*, London 1974, S. 13f.

20 *The Decline of the Oracles*, *Der Niedergang der Orakel*, § 15, in Plutarch, *Moral Essays*, hier ins Deutsche übertragen nach der englischen Übersetzung von Rex Warner, Harmondsworth 1971, S. 52.

21 Plutarch, a.a.O., § 17, S. 53f.

22 Pioniere der perspektivischen Malerei waren im antiken Griechenland in der zweiten Hälfte des 5. Jahrhunderts vor Christus Agatharchos und Apollodoros, doch wurde die Methodik bis zur hellenistischen Periode im späten 4. Jahrhundert vor Christus noch nicht in der Landschaftsmalerei angewendet. Vergleiche hierzu Gisela Richter, *Handbuch der griechischen Kunst*, Stuttgart 1959, Köln 1966. Die Anfänge der Entwicklung des «perspektivischen Bewusstseins», das zunehmend Einfluss auf die Beziehung zur Natur bei den Römern gewann, sind in dieser Periode anzusetzen.

23 Linda Farrar, *Ancient Roman Gardens*, Stroud 2000, S. 144.

24 Lucius Annaeus Seneca, *Moral Epistles*, 3 Bände, übersetzt von Richard M. Gummere, Cambridge, Massachusetts 1917–25, Bd. 2, Brief 89, S. 391–393. Deutsche Ausgaben liegen vor, z. B.: Seneca,

Moralische Briefe, übersetzt von Hermann Martin Endres, München 1960.

25 Statius, *Silvae*, 2.2.33ff., zitiert in Farrar, a.a.O., S. 50. Deutsche Ausgabe: Publius Papinius Statius, *Silvae*, übersetzt von Heins Wissmüller, Neustadt a. d. Aisch 1990.

26 Statius, *Silvae*, 3.1.82 f., Verweis in Farrar, a.a.O., S. 59.

27 Farrar, a.a.O., S. 42–44 und S. 86f.

28 Joscelyn Godwin, *Mystery Religions in the Ancient World*, London 1981, S. 7.

29 Plinius der Ältere, *Naturalis Historiae*, XVI, 60, 140, besprochen in Farrar, a.a.O., S. 141; Übersetzungen ins Deutsche: Lenelotte Mölly/Manuel Vogel (Hrsg.), *Die Naturgeschichte des Gaius Plinius Secundus*, übersetzt und mit Anmerkungen versehen von Georg C. Wittstein, 2 Bde, Marix Verlag, Wiesbaden 2007 (Neuauflage der Übersetzung von 1880) – Gaius Plinius Secundus/Plinius der Ältere, *Naturalis historia / Naturgeschichte.* Lateinisch / Deutsch, Neuübersetzung, herausgegeben und übersetzt von Marion Giebel, Reclam, Stuttgart 2004.

30 Plinius der Jüngere, Brief an Domitius Apolinarius, *Epistles*, 5.2, besprochen in Berrall, a.a.O., S. 42. Deutsche Ausgabe: Helmut Karsten (Hrsg.), Plinius: *Briefe*. Lateinisch-Deutsch, Zürich [7]1995.

31 Adolf Trendelenburg, «A Contribution to the History of the Word ‹Person›», in: *The Monist* XX, 1910, S. 356.

32 John Brookes, *Gardens of Paradise*, London 1987, S. 17–24.

33 Emma Clark, *The Art of the Islamic Garden*, Marlborough 2004, S. 24: «Das Paradies ist seinem Wesen nach verborgen und geheim, da es der inneren Welt entspricht, dem Seeleninneren – *al-jannah* bedeutet sowohl ‹Verborgenheit› als auch Garten.»

34 Die ersten islamischen Gärten aus der Zeit um die Mitte des 9. Jahrhunderts sind im persischen Samarra aufgefunden worden. Siehe Brookes, a.a.O., S. 35.

35 Emma Clark, *Underneath Which Rivers Flow: The Symbolism of the Islamic Garden,* London 1996, S. 15.

36 Für eine systematische Darstellung der religiösen Symbolik sowie praktische Aspekte des islamischen Gartens siehe Kapitel 1 und 2 in: Emma Clark, *The Art of the Islamic Garden,* a.a.O.

37 ebd., S. 70.

38 *Speculum Humanae Salvationis*, Kapitel 3 nach einer gedruckten Ausgabe, um 1475, ins Englische übersetzt von Bronac Holden.

39 Im ausgehenden 12. Jahrhundert beispielsweise Walter Map, *De Nugis Curialium* («On the trifles of Courtiers»), 2.11 ff.; Giraldus Cambrensis, *Itinerarium Cambriae* («Itinerary Through Wales»), ins Englische übersetzt von R. C. Hoare, *The Historical Works of Giraldus Cambrensis*, London 1863, S. 390. Deutsche Ausgabe: *Beschreibung von Wales: eine völkerkundliche Beschreibung aus dem Mittelalter*, hrsg. und ins Deutsche übertragen von Philipp M. Schneider, Berlin 2008. – Im frühen 13. Jahrhundert Gervase von Tilbury, *Otia Imperialia* («Recreation for an Emperor»), herausgegeben und ins Englische übertragen von S. E. Banks und J. W. Binns, Oxford 2002, S. 664–677. Deutsche Ausgabe: Gervasius von Tilbury, *Kaiserliche Mußestunden. Otia Imperialia*. Eingeleitet, übersetzt und mit Anmerkungen versehen von Heinz Erich Stiene, Stuttgart 2009.

40 Capella, *De Nuptiis Mercurii et Philologiae*, 2.167, verweist auf «tanzend durch die Wälder, Täler, und Haine und Seen und Quellen und Bäche ziehende Gesellschaften von *Longaevi*, die als Pane, Faune ... Satyrn, Sylphen, Nymphen benannt sind.». Deutsche Ausgabe: Martianus Capella, *Die Hochzeit der Philologia mit Merkur*, übersetzt von Hans Günter Zekl, Würzburg 2005. Hier übersetzt nach der zitierten englischen Fassung in: C. S. Lewis, *The Discarded Image*, Cambridge 1971, S. 122.

41 Bernardus Silvestris, *Cosmographia*, 2.7, in: *The Cosmographia of Bernardus Silvestris*, ins Englische übersetzt von Winthrop Wetherbee, New York 1990, S. 108.

42 Alain de Lille [Alanus ab Insulis] *De Planctu Naturae*, 2. Kapitel, ins Englische übersetzt und mit einem Kommentar versehen von James J. Sheridan, in: Alan of Lille, *The Plaint of Nature*, Pontifical Institute of Mediaeval Studies, Toronto 1980, S. 73–105. Eine Übersetzung ins Deutsche als kommentierte, zweisprachige Edition liegt in der Reihe «Texte und Studien zur europäischen Geistesgeschichte» vor: *De planctu naturae / Die Klage der Natur*, hrsg. v. J. W. Köhler, Münster 2013.

43 Die Unterscheidung geht zurück auf Michael Scotus, *Liber introductorius* (1228) sowie auf lateinische Übersetzungen des Kommentars von Ibn Rushd (Averroes) zu Aristoteles *Physik*, II.1.2 aus dem

frühen 13. Jahrhundert. Siehe John N. Deely, *The Four Ages of Understanding*, Toronto 2001, S. 138–140. Sie wurde nachfolgend durch das ganze Mittelalter hindurch von Bonaventura, Thomas von Aquin und vielen anderen benutzt. Ein kurzer historischer Abriss zu diesen Begriffen findet sich in Olga Weijers, «Contribution à l'histoire des termes *natura naturans* et *natura naturata* jusqu'à Spinoza», in: *Vivarium* 16.1 (1978), S. 70–80. Siehe hierzu auch nachfolgend Anmerkung 109 in Kapitel 5.

44 Zu den verschiedenen Formen des mittelalterlichen Gartens siehe Sylvia Landsberg, *The Medieval Garden*, London 1995, Kapitel 1.

45 Albertus Magnus, *De vegetabilibus libri VII*, I, 14. Hier zitiert nach der Übersetzung aus dem Lateinischen von Uta Korzeniewski, in: Stephanie Hauschild, *Die sinnlichen Gärten des Albertus Magnus.* Ostfildern 2005, S. 149f.

46 Siehe Berthold von Bombach, Arnold Guillet, *Das Leben der heiligen Luitgard von Wittichen* (1291–1348), *die Heilige des Mutterschoßes.* Neudruck Stein am Rhein: Christiana 1976. Sowie Irmtraud Just, *Die Vita Luitgarts von Wittichen. Text des Donaueschinger Codex 118.* Peter Lang 2000.

47 Teresa McLean, *Medieval English Gardens*, London 1989, S. 159.

48 Dieses Bild aus einer Handschrift des frühen 15. Jahrhunderts des *Speculum Humanae Salvationis* zeigt die halb mythische assyrische Königin Semiramis, deren Reich sich über Persien erstreckte und der die «Hängenden Gärten von Babylon» zugesprochen werden. Im *Speculum* ist die Königin als eine Vorläuferin der Jungfrau Maria dargestellt. Siehe hierzu Adrian Wilson und Joyce Lancaster Wilson, *A Medieval Mirror: Speculum Humanae Sa[l]vationis* 1324–1500, Berkeley, 1984, S. 151.

49 Anne Baring und Jules Cashford, *The Myth of the Goddess: Evolution of an Image,* London 1991, S. 574–582.

50 Baring, a.a.O., p. 575.

51 Alan W. Watts, *Myth and Ritual in Christianity*, Boston 1968, S. 101–114. Watts zufolge geht die Symbolik, die Jungfrau als *Rosa Mundi* darzustellen, auf «*Maya*, die erschaffene Welt, zurück, die vom göttlichen Zentrum aus erblüht». Vgl. dort S. 101.

52 McLean, a.a.O., S. 129. Siehe auch Theodore Silverstein, «The Fabulous Cosmogony of Bernardus Silvestris», *Modern Philology*, 46 (1948-9), S. 105f.

53 Berrall, a.a.O., S. 96. Vergleiche auch McLean, a.a.O., Kapitel 5 sowie Werner Telesko, *The Wisdom of Nature: The Healing Powers and Symbolism of Plants and Animals in the Middle Ages,* London 2001, S. 38–42.

54 So konnte der Theologe und Gelehrte Alexander Neckham im späten 12., frühen 13. Jahrhundert schreiben: «Der Stängel der Lilie bringt, wenn er grün ist, eine außerordentlich prachtvolle Blüte hervor, die sich von Grün in Weiß wandelt. Gerade so müssen wir, die wir unreife Pflanzen sind, uns beharrlich standhaft an unserem besten Verhalten festhalten, um das Weiß der Unschuld erlangen zu können. Weiterhin wandelt sich das Weiß der Blüte auch nicht wieder in Grün zurück, und ebenso darf unsere Enthaltsamkeit und Mäßigkeit nicht den Verlockungen des zügellosen Lebens erliegen.» Zitiert nach McLean, a.a.O., S. 162.

55 Harvey, a.a.O., p. *x*, gibt zu bedenken, dass wir, um die mittelalterliche Gartenkunst zu verstehen, «von einem ganz und gar anderen Wertegefüge ausgehen müssen als wir es in unserer modernen Zeit heute haben. Grundlegend ist, dass die Gesellschaft im Mittelalter sich ganz auf transzendente, spirituelle Motive stützte.»

56 Jean Gebser verweist auf den «unerhörten inneren Kampf, der sich in den Künstlergenerationen jenes 15. Jahrhunderts abspielte und der Meisterung des Raumes galt». Denn «einerseits ist der Raum, den der Künstler innerlich gezwungen ist darzustellen, noch im Entstehen begriffen, da er, sich nur langsam aus seiner Seele lösend, auch nur allmählich bewusst und damit klar darstellbar wird; andererseits ist aber der Künstler des Raumes, wenn auch noch in einem merkwürdigen Zwielicht, ansichtig geworden». Jean Gebser, *Ursprung und Gegenwart*, Erster Teil. Jean Gebser Gesamtausgabe, Band 2, Novalis Verlag, Schaffhausen 1978, S. 46 f.

57 Zum Hervortreten des perspektivischen Bewusstseins s. Gebser, a.a.O., S. 38–52.

58 Carolyn Merchant, *The Death of Nature*, London 1980, Kapitel 7–9.

59 Leon Battista Alberti, *De Re Aedificatoria* (1443–1452). Deutsche Ausgabe: *Zehn Bücher über die Baukunst*, übersetzt von Max Theuer, Wien/ Leipzig 1912, unveränderter Nachdruck Wissenschaftliche Buchgesellschaft, Darmstadt 1988.

60 Roy Strong, *The Renaissance Garden in England*, London 1979, S. 15.

61 ebd., S. 21.

62 Frances A. Yates, *The Rosicrucian Enlightenment*, St Albans 1975, S. 38f.

63 ebd., S. 100.

64 ebd., S. 101.

65 Robert Fludd, *Summum Bonum* (1629) beispielsweise beschreibt das Wirken der Rosenkreuzer als «Mediation», durch die «die Freuden des Paradieses Einlass in das Weltliche gefunden haben …». Vgl. Paul M. Allen, *A Christian Rosenkreutz Anthology*, New York 1968, S. 374. Deutsche Ausgabe: Robert Fludd, *Das höchste Gut. Das ist das wahre Wesen der wahren Magie, Kabbala und Alchemie und der wahren Fratres Roseae Crucis*, Herausgegeben von Joachimus Frizius, Frankfurt 1629 – neue Ausgabe: Edition Geheimes Wissen, Graz 2008.

66 Strong, a.a.O., S. 147–164.

67 King, a.a.O., S. 155; Berrall, a.a.O., S. 198.

68 Penelope Hobhouse's Darstellung in *The Story of the Garden*, London, 2002, S. 152 zufolge hatte Le Nôtre sich mit Descartes' Schriften auseinandergesetzt. Wahrscheinlicher ist jedoch, dass er sich im Großen und Ganzen eher auf Jacques Boyceaus Abhandlung *Traité du Jardinage, selon les raisons de la nature et de l'art* (Abhandlung über den Gartenbau nach den Grundlagen von Natur und Kunst) gestützt hatte, die 1638 posthum veröffentlicht worden war. Dort sind die Prinzipien der formalen Gartengestaltung dargelegt, wobei insbesondere die Bedeutung von Geometrie, Architektur und Arithmetik hervorgehoben werden, siehe hierzu Ian Thompson, *The Sun King's Garden*, London 2006, S. 94 und S. 30f. Boyceaus Ansatz darf nicht mit dem des islamischen Gartens in Verbindung gebracht werden, bei dem die geometrischen Prinzipien dazu dienten, den irdischen Garten zu einem Spiegel des himmlischen Paradieses zu machen. In den europäischen Gartenanlagen aus dem 16. und 17. Jahrhundert wurde die Geometrie dazu genutzt, rein dekorative Muster ohne irgendwelche Bedeutung zu entwerfen oder sie diente als Hilfsmittel bei der Erzeugung perspektivischer Illusionen, worauf sich insbesondere Le Nôtre meisterhaft verstand. Als Ausnahmen hiervon sind eventuell die Anlagen in Heidelberg und Wilton zu nennen.

69 King, a.a.O., S. 157.

70 Nach Angaben von Thompson hatte sich die Anzahl der Brunnen bis 1672 auf unvorstellbare 2.456 erhöht, sodass die Wasserversorgung der Gärten für den Betrieb dieser Brunnen ein immerwährendes Problem darstellte, s. Thompson, a.a.O., S. 230.

71 Berrall, a.a.O., S. 200f.

72 Hobhouse, a.a.O., S. 153.

73 Thompson, a.a.O., S. 253–256.

74 Duc de Saint-Simon, zitiert nach Thompson, a.a.O., S. 4.

75 Thompson, a.a.O., S. 258.

76 René Descartes, *Discours de la méthode*, französisch-deutsch, übersetzt und herausgegeben von Lüder Gäbe, Hamburg 1997; hier übersetzt nach dem Zitat der englischen Ausgabe *Discourse on Method*, 6. Teil in : *Philosophical Writings*, herausgegeben von Elizabeth Anscombe und Peter Thomas Geach, Thomas Nelson, Sunbury-on-Thames 1970, S. 46.

77 Zitiert in King, a.a.O., S. 179.

78 Gothein, a.a.O., Band 2, S. 281 – 288.

79 Thomas Whately, *Observations on Modern Gardening*, London 1770, S. 1; Deutsche Ausgabe: *Betrachtungen über das heutige Gartenwesen: durch Beispiele erläutert*, übersetzt von Johann Ernst Zeiher, Rüsselsheim 1992, Reprint der Ausgabe Brockhaus, Leipzig 1771, eingeleitet sowie durch Anmerkungen und Ortsregister ergänzt von Clemens Alexander Wimmer.

80 Charles Quest-Ritson, *The English Garden: A Social History*, London 2001, S. 120.

81 Joan Clifford, *Capability Brown*, Aylesbury 1974, S. 43.

82 Quest-Ritson, a.a.O., S. 145.

83 Thompson, a.a.O., S. 82 – 84.

84 Owen Barfield, *Romanticism Comes of Age*, San Rafael, California 1966, S. 234.

85 Samuel Taylor Coleridge, *Biographia Literaria*, hrsg. von J. Shawcross, Oxford 1962, Band 2, S. 257.

86 John Loudon, *The Suburban Gardener and Villa Companion*, 1838, zitiert nach Miles Hadfield, *A History of British Gardening*, Harmondsworth 1985, S. 258.

87 Gertrude Jekyll, «Colour in the Flower Garden», in: William Robinson, *The English Flower Garden*, London 1998, S. 121.

88 Gertrude Jekyll, *Colour Schemes for the Flower Garden*, London 1988, S. 71. Deutsch: Gertrude Jekyll, *Pflanzenbilder aus meinem Garten: über englische Gartengestaltung*, übersetzt aus dem Englischen von Angela Uthe-Spencker, Stuttgart 1988.

89 Gertrude Jekyll, *On Gardening*, London 1964, S. 14 .

90 Ähnliches kann man in Sissinghurst erleben, auch dieser Garten wurde von Gertrude Jekylls Ansatz geprägt.

91 Penelope Hobhouse, *Gertrude Jekyll on Gardening: An Anthology*, London 1983, S. 21.

92 Gertrude Jekyll, *On Gardening*, a.a.O., S. 12.

93 In dieser Hinsicht erinnert Gertrude Jekylls Ansatz stark an denjenigen Goethes, für den eine Intensivierung der Wahrnehmung bis an den Punkt heran, wo die Wahrnehmung zur *Anschauung* wird, ein Schlüssel zu einer Versöhnung unserer Beziehung zur Natur war. Siehe hierzu Jeremy Naydler (Hrsg.), *Goethe on Science*, Edinburgh 1996, S. 50 [eine Anthologie von Goethezitaten].

94 Jekyll, *On Gardening*, a.a.O., S. 12.

95 Jekyll, *Wood and Garden*, in: Hobhouse, *Gertrude Jekyll on Gardening*, a.a.O., S. 23.

96 Gertrude Jekyll, *The Garden*, September 1899, zitiert nach: Richard Bisgrove, *William Robinson: The Wild Gardener*, London 2008, S. 190.

97 William Robinson, *The English Flower Garden*, London 1998, S. 120: «Die Natur ist ein feiner Farbenkünstler, und wenn wir uns ihrer Führung anvertrauen, werden wir keinen Farbmissklang in Wald und Wiese und am Berghang antreffen.» Über die Natur als Meister der Kunst siehe ebd., S. 29.

98 William Robinson, zitiert nach Mea Allan, *William Robinson, 1838–1935: Father of the English Flower Garden*, London 1982, S. 133.

99 Robinson, *The English Flower Garden*, a.a.O., S. 86, wo er die ersten Zeilen von Shelleys berühmter Übersetzung der 30. Hymne von Homer zitiert: «To Earth, Mother of All»:
O universal Mother,
who dost keep
From everlasting thy
foundation deep,
Eldest of things, Great
Earth, I sing of thee.

100 Robinson, *The Wild Garden*, London 1986, S. 14.

101 Robinson, *The English Flower Garden*, a.a.O., S. 159

102 ebd., S. VIII.

103 Paul Hayes Tucker, *Claude Monet: Life and Art*, New York 1995, S. 175.

104 Claude Monet, zitiert nach Tucker, a.a.O., S. 178.

105 Zitiert nach Virginia Spate, *Claude Monet: The Colour of Time*, London 1992, S. 216.

106 Mirbeau, zitiert nach Spate, a.a.O., S. 169, siehe auch S. 200.

107 Monet in einem Brief an Gustave Geffroy, zitiert nach Spate, a.a.O., S. 205.

108 Michel Quenot, *The Icon: Window on the Kingdom*, New York 2002, S. 87. Deutsche Ausgabe: Michel Quenot, *Die Ikone: Fenster zum Absoluten*, übersetzt von Julia Brühl und Dominikus Forster, Würzburg 1992.

109 Michael Scotus machte folgende Aussage in seinem Buch *Liber introductorius* aus dem frühen 13. Jahrhundert: «Gott ist naturende Natur (*Natura naturans*) und steht damit über der genaturten Natur (*Natura naturata*).» [Deus sit natura naturans et ideo superet naturam naturatam.] Zitiert nach Weijers, a.a.O., S. 71. Nach dem Entwurf der *Natura naturans* ist eine Wohnstatt für die Welt der Naturgeister vorgesehen.

110 Baruch Spinoza, *Ethics*, London 1934, 1. Teil, Anmerkung zum 29. Lehrsatz, S. 24. Deutsche Ausgabe: Baruch de Spinoza, *Die Ethik*, ins Deutsche übersetzt von Jakob Stern, revidiert von Michael Czelinski-Uesbeck, Wiesbaden 2012. Siehe auch Weijers, a.a.O., S. 77–80.

111 Samuel Taylor Coleridge, *Biographia Literaria*, Bd. 2, S. 257. Siehe auch Owen Barfield, *What Coleridge Thought*, San Rafael, California 1971, S. 22–25 und S. 199.

112 Auch Goethe zufolge befähigen wir uns durch eine zunehmend verstärkte Bewusstwerdung der «ewig schaffenden Natur» dazu, den Schöpfungsprozess der Natur innerlich nachzuvollziehen und an ihm teilzuhaben. Siehe die Anthologie von Naydler, *Goethe on Science*, a.a.O., S. 101.

113 William Blake, *Milton*, herausgegeben mit einem Kommentar von K. P. Easson und R. R. Easson, London 1979, 2. Teil, Tafel 36,

S. 121. Deutsche Ausgabe: William Blake, *Milton: ein Gedicht*; mit einer Reproduktion des Originals, zusammen mit: *Eine Vision des Jüngsten Gerichts. William Blake.* Ins Deutsche übertragen, mit einem Nachwort und kommentiert von Hans-Ulrich Möhring, Wien-Lana 1995.

114 Der goetheanistische Wissenschaftler und Forscher Jochen Bockemühl hat dies wohl verstanden. Sein Buch *Sterbende Wälder – eine Bewusstseinsfrage. Schulung an Naturzusammenhängen und Wandel der Lebensweise*, Dornach 1984, vermittelt uns Einsichten von unschätzbarem Wert. Siehe hierzu insbesondere S. 30.

115 Octave Mirbeau, zitiert nach Virginia Spate, a.a.O., S. 216.

116 William Robinson, *The English Flower Garden*, a.a.O., S. 159.

Literaturverzeichnis

Alanus ab Insulis / Alain de Lille: *De Planctu Naturae.*

— *De planctu naturae / Die Klage der Natur.* Hrsg. v. J. W. Köhler. Aschendorff, Münster 2013 (Texte und Studien zur europäischen Geistesgeschichte, Reihe A, Band 2).

— *The Plaint of Nature.* Ins Englische übersetzt und mit einem Kommentar von James J. Sheridan, Pontifical Institute of Mediaeval Studies, Toronto 1980.

Alberti, Leon Battista: *De Re Aedifictoria,* 1443–1452.

— *On the Art of Building in Ten Books.* MIT Press, Cambridge, Massachusetts 1988.

— *Zehn Bücher über die Baukunst.* Übersetzt von Max Theuer. Wien/Leipzig 1912. Unveränderter Nachdruck: Wissenschaftliche Buchgesellschaft, Darmstadt 1988.

Albertus Magnus: *De vegetabilibus libri VII.* Herausgegeben von E. H. F. Meyer. Minerva, Frankfurt/Main 1982 (unveränderter Nachdruck d. Ausg. Berolini 1867).

Allan, Mea: *William Robinson, 1838–1935: Father of the English Flower Garden.* Faber and Faber, London 1982.

Allen, Paul M.: *A Christian Rosenkreutz Anthology.* Rudolf Steiner Publications, New York 1968.

Barfield, Owen: *Romanticism Comes of Age.* Sophia Perennis, San Rafael, California 1966.

Barfield, Owen: *What Coleridge Thought.* Sophia Perennis, San Rafael, California 1971.

Baring, Anne and Jules Cashford: *The Myth of the Goddess, Evolution of an Image.* Penguin, London 1991.

Berrall, Julia S.: *The Garden: An Illustrated History.* Penguin, Harmondsworth 1978.

— *Die schönsten Gärten.* Aus dem Amerikanischen übertragen von Annelore Kleinlein. Econ Verlag, Düsseldorf 1969.

Bisgrove, Richard: *William Robinson: The Wild Gardener.* Frances Lincoln, London 2008.
— *Der Blumengarten*, Mosaik Verlag, München 1995 (1990).
Blake, William: *Milton.* Herausgegeben und mit einem Kommentar von K. P. Easson und R. R. Easson. Thames and Hudson, London 1979.
— *Milton: ein Gedicht.* Mit einer Reproduktion des Originals, zusammen mit: *Eine Vision des Jüngsten Gerichts.* Ins Deutsche übertragen, mit einem Nachwort und kommentiert von Hans-Ulrich Möhring. Edition per procura, Wien-Lana 1995.
Bockemühl, Jochen: *Sterbende Wälder – eine Bewusstseinsfrage. Schulung an Naturzusammenhängen und Wandel der Lebensweise.* Verlag am Goetheanum, Dornach 1984.
— *Dying Forests: A Crisis in Consciousness.* Hawthorn Press, Stroud 1986.
Brookes, John: *Gardens of Paradise.* Weidenfeld and Nicholson, London 1987.
Buber, Martin: *Ich und Du* (1923). Lamber Schneider, Gerlingen [12]1995.
— *I and Thou.* Übersetzt von Walter Kaufmann. T. & T. Clark, Edinburgh 1970.
Chadwick, Alan: *Performance in the Garden.* Logosophia Press, Mars Hill, North Carolina 2007.
Cicero, Marcus Tullius: *De natura deorum.*
— *De natura deorum. Über das Wesen der Götter.* Lateinisch / Deutsch. Herausgegeben und übersetzt von Ursula Blank-Sangmeister. Reclam, Stuttgart 2011.
— *The Nature of the Gods.* Englisch von Horace C.P. McGregor. Penguin, Harmondsworth 1972.
Clark, Emma: *Underneath Which Rivers Flow: The Symbolism of the Islamic Garden.* The Prince of Wales's Institute of Architecture, London 1996.
Clark, Emma: *The Art of the Islamic Garden.* Crowood Press, Marlborough 2004.
Clifford, Joan: *Capability Brown.* Shire Publications, Aylesbury 1974.
Coleridge, Samuel Taylor: *Biographia Literaria.* 2. Bände, heraus-

gegeben von J. Shawcross. Oxford University Press, Oxford 1962.
Collingwood, Robin G.: *The Idea of Nature*. Oxford University Press, Oxford 1945.
— *Die Idee der Natur*. Suhrkamp, Frankfurt am Main 2005.
Copleston, Frederick: *A History of Philosophy*. 9 Bände. Image Books, New York 1962–1977.
Deely, John N.: *The Four Ages of Understanding*. University of Toronto Press, Toronto 2001.
Descartes, René, *Discours de la méthode*.
— *Discours de la méthode*. Französisch – deutsch. Übersetzt und herausgegeben von Lüder Gäbe. Meiner, Hamburg 1997.
— *Discourse on method*. In: Descartes, *Philosophical Writings*. Herausgegeben von Elizabeth Anscombe und Peter Thomas Geach. Thomas Nelson, Sunbury-on-Thames 1970.
Douglas, William Lake: «A Garden Progress». In: William Lake Douglas et. al., *Garden Design*. MacDonald, London 1984.
Farrar, Linda: *Ancient Roman Gardens*. Budding Books, Stroud 2000.
Fludd, Robert: *Summum Bonum*. In: Paul M. Allen (Hrsg): *A Christian Rosenkreutz Anthology*. Rudolf Steiner Publications, New York 1968.
— *Das höchste Gut. Das ist das wahre Wesen der wahren Magie, Kabbala und Alchemie und der wahren Fratres Roseae Crucis*. Herausgegeben von Joachimus Frizius, Frankfurt 1629. Neuausgabe: Edition Geheimes Wissen, Graz 2008.
Gebser, Jean: *Ursprung und Gegenwart*. Erster Teil. Jean Gebser Gesamtausgabe, Band 2. Novalis Verlag, Schaffhausen 1978.
— *The Ever-Present Origin*. Ohio University Press, Athens 1985.
Gervase of Tilbury: *Otia Imperialia*. Herausgegeben und ins Englische übersetzt von S. E. Banks und J. W. Binns. Oxford University Press, Oxford 2002.
— *Kaiserliche Mußestunden. Otia Imperialia*. Eingeleitet, übersetzt und mit Anmerkungen versehen von Heinz Erich Stiene. Stuttgart 2009.
Giraldus Cambrensis: *Itinerarium Cambriae*. Ins Englische über-

setzt von R. C. Hoare. In: *The Historical Works of Giraldus Cambrensis*, London 1863.
Godwin, Joscelyn: *Mystery Religions in the Ancient World*. Thames and Hudson, London 1981.
Gothein, Marie Luise Schroeter: *Geschichte der Gartenkunst*, Akademie des Bauwesens, E. Diederichs, Berlin 1914.
— *A History of Garden Art*. 2 Bände. J. M. Dent and Sons, London 1928.
Hadfield, Miles: *A History of British Gardening*. Penguin, Harmondsworth 1985.
— *Gärten. Eine kleine Geschichte der Gartenkunst*. Mundus Verlag, Essen 1987.
Harvey, John: *Mediaeval Gardens*. B. T. Batsford, London 1981.
Hobhouse, Penelope (Hrsg.): *Gertrude Jekyll on Gardening: An Anthology*. MacMillan, London 1983.
— *The Story of the Garden*. Dorling Kindersley, London 2002.
— *Der Garten: eine Kulturgeschichte*. Ins Deutsche übersetzt von Ulrich Enderwitz, Redaktion Marianne Schönbach. Archiv Verlag, Braunschweig 2008.
Homer: *Homerische Hymnen*. Griechisch und deutsch. Herausgegeben von Anton Weiher, mit einer Einführung in die Odyssee von Alfred Heubeck und einer Einführung in die Hymnen von Wolfgang Rösler. Artemis Verlag, Zürich, München 1990.
— *Homeric Hymns, Homeric Apocrypha, Lives of Homer*. Herausgegeben und ins Englische übersetzt von Martin L. West. Loeb Classical Library. Harvard University Press, London 2003.
Homer: *Ilias*. Griechisch – Deutsch. Übersetzt von Hans Rupé. Akademie Verlag, Berlin ^{16}2013.
— *Iliad*. Ins Englische übersetzt von Richmond Lattimore. University of Chicago Press, Chicago 1961.
Hughes, J. Donald: *Ecology in Ancient Civilizations*. University of New Mexico Press, Albuquerque 1975.
Hyams, Edward: *A History of Gardens and Gardening*. J. M. Dent, London 1971.
Jekyll, Gertrude: *On Gardening*. Studio Vista, London 1964.

Jekyll, Gertrude: *Colour Schemes for the Flower Garden*. Frances Lincoln, London 1988.

— *Pflanzenbilder aus meinem Garten: über englische Gartengestaltung*. Übersetzt aus dem Englischen von Angela Uthe-Spencker. Ulmer, Stuttgart 1988.

Jekyll, Gertrude: «Colour in the Flower Garden». In: William Robinson, *The English Flower Garden*. Bloomsbury, London 1988.

Just, Irmtraud: *Die Vita Luitgarts von Wittichen*. Text des Donaueschinger Codex 118. Lang, Bern, Berlin, Bruxelles u.a. 2000.

King, Ronald: *The Quest for Paradise: A History of the World's Gardens*. Whittet Books, Weybridge 1979.

Landsberg, Sylvia: *The Medieval Garden*. British Museum Press, London 1995.

Lewis, C. S.: *The Discarded Image*. Cambridge University Press, Cambridge 1971.

McLean, Teresa: *Medieval English Gardens*. Barrie and Jenkins, London 1989.

Map, Walter: *De Nugis Curialium: Courtiers' Trifles*. Herausgegeben und ins Englische übersetzt von M. R. James, überarbeitet von C. N. L. Brook und R. A . B. Mynors. Clarendon Press, Oxford 1983.

Merchant, Carolyn: *The Death of Nature*. Wildwood House, London 1980.

Morris, F. O: *A Series of Picturesque Views of Seats of the Noblemen and Gentlemen of Great Britain and Ireland*. William MacKenzie, London 1880.

Naydler, Jeremy: *Temple of the Cosmos: The Ancient Egyptian Experience of the Sacred*. Inner Traditions International, Rochester, Vermont 1996.

Naydler, Jeremy (Hrsg.): *Goethe on Science*. Floris Books, Edinburgh 1996.

Naydler, Jeremy: *Gardening as a Sacred Art*. Abzu Press, Oxford 2009 (= Erstfassung der hier vorliegenden, vollständig überarbeiteten und erweiterten Fassung).

Ogilvie, Robert M.: *The Romans and their Gods*. Chatto and Windus, London 1974.

— *… Und bauten die Tempel wieder auf: die Römer und ihre Götter im Zeitalter des Augustus.* Aus dem Englischen übersetzt von Florian Weidenfels. Deutscher Taschenbuch-Verlag, München 1984.

Plutarch: *Moral Essays.* Ins Englische übersetzt von Rex Warner. Penguin, Harmondsworth 1971.

Plinius der Ältere = Gaius Plinius Secundus Maior: *Naturalis historia.*

— *Naturalis historia / Naturgeschichte.* Neuübersetzung Lateinisch / Deutsch. Herausgegeben und übersetzt von Marion Giebel. Reclam, Stuttgart 2004.

Plinius der Jüngere = Gaius Plinius Caecilius Secundus (Plinius Minor): «Brief an Domitius Apolinarius».

— *Plinius: Briefe.* Lateinisch-Deutsch. Herausgegeben von Helmut Karsten. Artemis und Winkler, Zürich [7]1995.

Quenot, Michel: *The Icon: Window on the Kingdom.* St Vladimir's Press, New York 2002.

— *Die Ikone: Fenster zum Absoluten.* Übersetzt ins Deutsche von Julia Brühl und Dominikus Forster. Echter, Würzburg 1992.

Quest-Ritson, Charles: *The English Garden: A Social History.* Penguin, London 2001.

Richter, Gisela: *Handbuch der griechischen Kunst.* Phaidon, Köln 1966.

— *A Handbook of Greek Art.* Phaidon, London 1974.

Robinson, William: *The English Flower Garden.* Bloomsbury, London 1998.

Robinson, William: *The Wild Garden.* Century Hutchinson, London 1986.

Sandars, N. K.: *The Epic of Gilgamesh.* Penguin, Harmondsworth 1973.

Seneca, Lucius Annaeus: *Epistulae morales ad Lucilium.*

— *Moralische Briefe.* Übersetzt von Hermann Martin Endres. Goldmann, München 1960.

— *Moral Epistles.* 3 Bände, ins Englische übersetzt von Richard M. Gummere. Loeb Classical Library. Harvard University Press, Cambridge, Massachusetts 1917–25.

Silverstein, Theodore: «The Fabulous Cosmogony of Bernardus Silvestris». In: *Modern Philology*, 46. University of Chicago Press, Chicago 1948–9.

Silvestris, Bernardus: *Cosmographia (De mundi universitate sive megacosmus et microcosmus).*

— *Über die allumfassende Einheit der Welt.* Aus dem Lateinischen übersetzt und eingeleitet von Wilhelm Rath. Mellinger, Stuttgart ²1989.

— *The Cosmographia of Bernardus Silvestris.* Ins Englische übersetzt von Winthrop Wetherbee. Columbia University Press, New York 1990.

Spate, Virginia: *Claude Monet: The Colour of Time.* Thames and Hudson, London 1992.

Spinoza, Baruch de: *Die Ethik nach geometrischer Methode dargestellt.* Übersetzung, Anmerkungen und Register von Otto Baensch, Einleitung von Rudolf Schottlaender. Felix Meiner, Hamburg 1976.

— *Die Ethik – Ethica*: Lateinisch – Deutsch. Nach der Edition von Carl Gebhardts «Spinoza Opera». Überarbeitung der Übersetzung von Jakob Stern (1888). Reclam, Stuttgart 2007.

— *Ethics.* J. M. Dent, London 1934.

Strong, Roy: *The Renaissance Garden in England.* Thames and Hudson, London 1979.

Telesko, Werner, *Die Weisheit der Natur: Heilkraft und Symbolik der Pflanzen und Tiere im Mittelalter.* Prestel, München / London / New York 2001.

— *The Wisdom of Nature: The Healing Powers and Symbolism of Plants and Animals in the Middle Ages.* Aus dem Deutschen übersetzt von Stephen Telfer. Prestel, London 2001.

Thompson, Ian: *The Sun Kings's Garden.* Bloomsbury, London 2006.

Trendelenburg, Adolf: «A Contribution to the History of the Word ‹Person›». In: *The Monist*, XX, 1910, S. 336 –363.

Tucker, Paul Hayes: *Claude Monet: Life and Art.* Yale University Press, New York 1995.

Watts, Alan W.: *Myth and Ritual in Christianity.* Beacon Press, Boston 1968.

— *Mythus und Ritus des Christentums: Anatomie einer Verblendung.* Aus dem Englischen übertragen von Ursula von Mangoldt. Heyne, München 1991.

Weijers, Olga: «Contribution à l'histoire des termes *natura naturans* et *natura naturata* jusqu'à Spinoza». In: *Vivarium*, 16.1, S. 70–80. E. J. Brill, Leiden 1978.

Whately, Thomas: *Observations on Modern Gardening.* London 1770.

— *Betrachtungen über das heutige Gartenwesen: durch Beispiele erläutert.* Ins Deutsche übersetzt von Johann Ernst Zeiher. Brün-Verlag, Rüsselsheim 1992 (Reprint der Ausgabe Brockhaus, Leipzig 1771).

Wilkinson, Richard H.: *The Complete Temples of Ancient Egypt.* Thames and Hudson, London 2000.

— *Die Welt der Tempel im alten Ägypten.* Ins Deutsche übersetzt von Erwin Fink und Dirk Oetzmann. Theiss, Stuttgart 2005.

Wilson, Adrian, and Joyce Lancaster Wilson: *A Medieval Mirror: Speculum Humanae Savationis 1324–1500.* University of California Press, Berkeley 1984.

Yates, Frances: *The Rosicrucian Enlightenment.* Paladin, St Albans 1975.

— *Aufklärung im Zeichen des Rosenkreuzes.* Aus dem Englischen übersetzt von Eva Zahn. Klett-Cotta, Stuttgart ²1997.

Verzeichnis der Abbildungen

1.7 Zwei Panfiguren, die Ziegen gefasst halten, während über ihnen drei Nymphen tanzen. Aus dem sogenannten «Enneakrounos», dem südöstlichen Brunnenhaus auf der Agora in Athen, um 520 vor Christus. Abbildung aus Jane Harrison, *Prolegomena to the Study of Greek Religion*. Merlin Press, London 1962, Abb. 73, S. 290.

1.8 Zwei Satyrn in wildem Tanz mit einer Mänade zwischen Bäumen. Rotfigurige Vase aus Athen, um 520 vor Christus. Nachzeichnung des Autors.

1.9 Philosophengarten, der die Platonische Akademie darstellen soll. Mosaik im Haus des T. Siminius Stephanus in Pompeji, frühes 1. Jahrhundert vor Christus. Foto: Sergey Sosnovskiy.

1.10 Fresko aus der Villa der Livia in Primaporta bei Rom, 1. Jahrhundert vor Christus. Livia war die Frau von Kaiser Augustus. Museo Nazionale Romano, Rom. Foto: The Bridgeman Art Library.

1.11 Fresko-Vorzeichnung einer Gartenanlage mit einem Zier-Wasserbecken, das von symmetrisch angeordneten Lauben, Pergolen und gezäunten Einfriedungen umgeben ist. Auditorium des Maecenas, Rom, spätes 1. Jahrhundert vor Christus. Abbildung aus C. H. Daremberg und Saglio, E. D. M., *Dictionnaire des Antiquités Grecques et Romaines*. Paris 1900.

1.12 Fresko-Vorzeichnung einer Gartenanlage, bei der alle Elemente sorgfältig in den symmetrischen Grundplan eingefügt sind. Frühe Kaiserzeit, Pompeji. Abbildung aus Marie Luise Schroeter Gotheim, *A History of Garden Art*, a.a.O., Bd. 1, Abb. 87.

1.13 Eine Grotte mit Nymphäum am Eingang und einer Pergola darüber. Wandfresko aus der Villa des Publius Fannius Sinistor, Boscoreale. New York, Metropolitan Museum of Art. Foto: © SCALA, Florenz.

1.14 Das Vermächtnis Roms: Formschnittbäume in einem Wiener Garten des 18. Jahrhunderts. Der Garten Adam von Liechtensteins 1724, Stich.

2.1 Ein typisch islamischer Garten. Mughal Miniatur, um 1603. Bibliothèque Nationale de France, Nachzeichnung des Autors.

2.2 Der Garten Eden als Urbild für den mittelalterlichen *hortus conclusus*. Niederländischer Stich aus dem Jahr 1503. Abbildung aus Sir Frank Crisp, *Mediaeval Gardens*. Bodley Head, London 1924, Bd. 1, Abb. 116.

2.3 Der «Mariengarten» als ein *hortus conclusus* nach dem Vorbild des Paradiesgartens. *Speculum Humanae Salvationis*, gedruckte Ausgabe, um 1475, Kapitel 3. Abbildung hier aus Sir Frank Crisp, *Mediaeval Gardens*, a.a.O., Bd. 1, Abb. 11.

2.4 Die Göttin Natura nährt die Erde mit ihrer Milch. Illustriertes Manuskript aus dem späten 15. Jahrhundert von Aristoteles' *Physik*. 1.1 Österreichische Nationalbibliothek Wien, ms. phil. gr.2, Blatt 1,r. ÖNB/Wien, E19.259-C(D).

2.5 Die Lebensstufen der Natur. Abbildung aus Carollus Bovillus, *Liber de Intellectu*. Paris 1510.

2.6 Der Dichter und Komponist Guillaume de Machaud sitzt schreibend an der Quelle in einem umfriedeten Garten, der mit Bäumen und Blumen bepflanzt ist. Bibliothèque Nationale, Ms fr. 1586, f.30v., um 1360. Nachzeichnung des Autors.

2.7 Die Jungfrau Maria als umfriedeter Garten. Abbildung aus *Speculum Humanae Salvationis*, um 1430, Königliche Bibliothek zu Kopenhagen, Det Kongelige Bibliotek, Dänemark, GKS 79 2°, 24, r. Nachzeichnung des Autors.

2.8 Maria als Rose der Welt (Rosa Mundi). Spanischer Holzschnitt aus dem späten 15. Jahrhundert. Universitätsbibliothek Valencia, Biblioteca Universitaria, Valencia.

2.9 Die alles beherrschende Figur der Jungfrau Maria im umfriedeten Garten. Holzschnitt, 1475. Abbildung aus Sir Frank Crisp, a.a.O., Bd. 2, Abb. LXII.

2.10 Einblick in die Symbolwelt des mittelalterlichen *hortus conclusus*. Der Paradiesgarten, unbekannter Meister vom Mittelrhein, um 1415. Städel Museum, Frankfurt am Main.

2.11 Der umfriedete Garten als Garten der Liebe. Holzschnitt aus dem 15. Jahrhundert. Abbildung aus Sir Frank Crisp, a.a.O., Bd. 2, Abb. CCIV.

3. Von der Renaissance ins 18. Jahrhundert

3.1 Schulung des neuen perspektivischen Bewusstseins. Albrecht Dürer, Der Zeichner des liegenden Weibes. Holzschnitt aus Dürers *Underweysung der Messung mit dem Zirckel und Richtscheyt,* 1538. Abbildung aus: Willi Kurth (Ed.), *The Complete Woodcuts of Albrecht Dürer,* Dover, New York 1963, Abb. 340.

3.2 Albrecht Dürer, *Arco.* Aquarell, 1495. Musée du Louvre, Paris. Foto: The Bridgeman Art Library.

3.3 Ein Garten im Stil der italienischen Frührenaissance in Frankfurt am Main. Garten des wohlhabenden Händlers und Stadtschultheißen Johann Schwind. Kupferstich von Matthäus Merian, 1641. Bildarchiv Foto Marburg.

3.4 Die Gärten der Villa d'Este, wie sie sich zum Ende des 16. Jahrhunderts präsentierten. Abbildung aus: Marie Luise Gothein, a.a.O., Bd. 1, Abb. 183.

3.5 Schloss und Schlossgarten in Heidelberg, 1620. Abbildung aus: Salomon de Caus, *Hortus Palatinus.* J. T. de Bry, Frankfurt am Main 1620. Foto: © Trustees of the British Museum.

3.6 Die Gartenanlage von Wilton House, Wiltshire, 1645. Isaac de Caus. Abbildung aus: Marie Luise Gothein, a.a.O., Bd. 2, Abb. 352.

3.7 Ein französisches Parterre aus dem 17. Jahrhundert. Der Garten des M. de Chamlay in Paris, Stich von Adam Pérelle. Abbildung aus: Gabriel Pérelle et al., *Les Délices de Versailles et des Maisons Royales.* Paris 1766.

3.8 Blick auf den Garten von Vaux-le-Vicomte von der Schlossterrasse aus, Abbildung aus: Marie Luise Gothein, a.a.O., Bd. 2, Abb. 391.

3.9 Blick auf die Gärten von Versailles, hier westwärts entlang der Mittelachse von dem Apollos Mutter gewidmeten Latonabrunnen in Richtung des großen Kanals. Stich von Adam Pérelle. Abbildung aus: Pérelle et al., a.a.O.

3.10 Die Gartenanlage in Chatsworth, Derbyshire, 1707. Abbildung aus: Leonard Knyff und Johannes Kip, *Britannia Illustrata*, D. Mortier, London 1720.

3.11 Landschaft von Claude Lorrain, 1675: «Opfer des Vaters der Psyche an Apollo». Anglesey Abbey, The Fairhaven Collection (The National Trust). Copyright NTPL/John Hammond.

3.12 Die Reaktion der Romantik: Stourhead in Wiltshire. Gemälde von F. Nicholson, 1813–14, Abbildung mit freundlicher Genehmigung des British Museum.

3.13 Chatsworth nach der Umgestaltung durch Capability Brown. Abbildung aus: F. O. Morris, *A Series of Picturesque Views of Seats of the Noblemen and Gentlemen of Great Britain and Ireland.* William MacKenzie, London 1880.

3.14 Heveningham Hall, wie es 1781 nach Browns Plänen gestaltet worden war. Foto aus: *Country Life.*

4. Der Gärtner als Künstler

4.1 Garten im italienischen Stil in Eaton Hall, Cheshire, 1857, Abbildung aus: E. Adveno Brooke, *The Gardens of England*, London, 1857.

4.2 Die Blumenuhr von Edinburgh, Postkarte aus dem Jahr 1910. Foto mit freundlicher Genehmigung von Peter Stubbs.

4.3 John Loudons Entwurf für eine Vorstadt-Villa, Abbildung aus: J. C. Loudon, *The Suburban Gardener and Villa Companion.* Longman, London 1838, Abb. 195, S. 518.

4.4 Der rote Abschnitt in Gertrude Jekylls Rabatte, um 1912. Foto mit freundlicher Genehmigung aus: *Country Life.*

4.5 Die blau-graue Blumenrabatte in Munstead. Gemälde von Helen Allingham. Mit freundlicher Genehmigung von Judith B. Tankard.

4.6 Der weiße Garten in Hidcote. Foto: Peter Pritchard.

5. Gartenkultur als spirituelle Kunst

Register